最新西瓜栽培技术

马超 编著

U0312795

中国建材工业出版社

图书在版编目（CIP）数据

最新西瓜栽培技术／马超编著. —北京：中国建
材工业出版社，2016.12（2022.1重印）
ISBN 978-7-5160-1575-9

Ⅰ.①新… Ⅱ.①马… Ⅲ.①西瓜－瓜果园艺 Ⅳ.
①S651

中国版本图书馆CIP数据核字（2016）第167674号

内 容 提 要

这是一本集优质西瓜品种选用、品种选择、生产环境条件及栽培关键技术、病虫害综合防治技术等于一体的通俗易懂、指导性强的新型农民培训教材。

本书共8章，内容包括：西瓜概述、西瓜优良品种介绍、西瓜棚室栽培关键技术、西瓜病虫害诊断与防治技术、西瓜棚室栽培常用设施的设计与建造、西瓜棚室高效栽培新技术、无籽西瓜的育种栽培品种与良种繁育、各地无子西瓜栽培技术实例。

本书技术先进科学、简明实用、指导性强，可供专门从事西瓜，包括甜瓜生产的技术推广人员、管理人员及生产一线的农民朋友学习使用，也可供农业职业院校相关专业的师生阅读参考。

出版发行：中国建材工业出版社
地　　址：北京市海淀区三里河路1号
邮　　编：100044
经　　销：全国各地新华书店
印　　刷：大厂回族自治县益利印刷有限公司
开　　本：710×1000　1/16
印　　张：14
字　　数：240千字
版　　次：2016年12月第1版
印　　次：2022年1月第2次印刷
定　　价：26.80元

本社网址：www.jccbs.com　微信公众号：zgjcgycbs

前　言

　　西瓜是世界五大水果之一。目前，我国西瓜常年播种面积近200万公顷，占全球种植面积的50%以上，总产量近7000万吨，是世界第一西瓜生产大国。

　　规范高效的栽培技术对指导我国西瓜产业的健康发展必不可少。由于设施栽培西瓜的经济效益显著优于露地栽培，因此近年来我国的棚室栽培西瓜面积呈不断增长趋势。为此，编者在总结归纳农民西瓜种植经验的基础上，结合自身的研究工作，特此编写了本书，以期为我国棚室西瓜产业的规范、高效、健康发展提供帮助。

　　本书从高产高效的角度，以棚室无籽西瓜主产区生产过程中存在的问题和解决方法为例，总结归纳了棚室西瓜生产的主要经验，并结合西瓜的规范化栽培，较为全面地阐述了棚室西瓜生产技术要点和注意问题，以期为我国棚室西瓜的高效栽培提供帮助。随着科学技术的发展和市场需求的变化，新技术、新方法、新品种不断推广应用，有力地推动了瓜类生产的发展。

　　本书文字通俗易懂，技术先进实用，配以适量图片，简要介绍基础知识，针对生产难点进行论述，让果农学有所用，突出实用性、针对性、指导性。

　　本书在编写过程中得到了国内相关专家的大力支持和帮助，并参引了许多专家、学者和同行们的成果和经验，在此一并表示感谢。

　　由于编者水平有限，书中难免有错误和不当之处，恳请广大读者批评指正。

编　者
2016年8月

目　录

第一章　西瓜概述

西瓜又称水瓜、寒瓜、月明瓜，属葫芦科西瓜属。是一种重要的园艺作物。从食用角度可将其作为水果，从生物学特性和栽培特点来看，它又具有蔬菜作物的特点。

西瓜因具有良好的食用和药用价值，在世界范围内广泛栽培，深受人们喜爱，是位居葡萄、香蕉、柑橘、苹果之后的第5大类水果。

第一节　西瓜的起源、分类及在我国的分布

西瓜起源于非洲南部的卡拉哈里沙漠，至今已有5000～6000年的栽培历史。西瓜先经欧洲广泛种植后，沿古代丝绸之路传入我国新疆地区，后逐渐传入河南、陕西等中原地区。

西瓜品种多样，在不同生态条件下形成了不同的生态类型。我国西瓜栽培品种主要包括4种类型，目前推广的西瓜杂交品种多是由不同生态型杂交选育而来。

一、华北生态型

该类型品种适应于华北地区暖温带半干旱气候，多为长势较强的中晚熟品种，果型较大，果肉性状多样，中心折光糖含量为7%~9%，种子中等偏大。其代表品种有郑州2号、郑州3号、庆丰西瓜等。该类品种耐旱忌湿，不适于南方阴雨高湿地区种植。

二、西北生态型

该类型品种适应于西北地区干旱的大陆性气候，植株长势较旺，坐瓜节位高，果型大，晚熟。中心折光糖含量为7%~9%，种子偏大。其代表品种有白皮瓜、大花皮等。该类品种极不耐湿，仅局限于新疆、甘肃河西走廊等干燥地区种植。

三、东亚生态型

该类型包括江浙一带的传统品种和由日本引进的部分品种。它适应于湿热环境，坐瓜节位低，多早熟。果型较小，皮薄，中心折光糖含量为10%~11%，种子小或中等。其代表品种有新大和、华东24号等。该类品种耐湿性好，适应性强，全国各地均可种植，保护地栽培面积较大，但因产量较低，在北方露地产区推广面积不大。

四、美国生态型

该类型原产于美国，适应于日照充裕的干旱沙漠、草原气候。其长势较强，坐瓜节位高，多为晚熟品种，果型较大，中心折光糖含量为10%，抗病。一般将其作为育种材料，直接应用于生产的较少。而根据我国西瓜栽培品种类型、栽培特点的差异，可将西瓜分布区域划分为北方多旱气候栽培区、西北干燥气候栽培区、南方阴雨多湿气候栽培区和青藏高原气候栽培区。其中，北方多旱气候栽培区约占全国西瓜栽培面积的50%。

第二节　西瓜的营养和药用价值

西瓜汁多味甜，富含多种糖类、矿物质、维生素、氨基酸、有机酸和番茄红素，营养丰富，是清热解暑之佳品。西瓜的营养成分见表1-1。

表1-1　每100g西瓜的营养成分

成分名称	含量	成分名称	含量	成分名称	含量
可食部	56g	水分	93.3g	碘	0
能量	105kJ	蛋白质	0.6g	脂肪	0.1g
碳水化合物	5.8g	膳食纤维	0.3g	胆固醇	0
灰分	0.2g	维生素A	75mg	胡萝卜素	450mg
烟酸	0.2mg	硫胺素	0.02mg	核黄素	0.03mg
钙	8mg	维生素C	6mg	维生素E	0.1mg
钠	3.2mg	磷	9mg	钾	87mg
锌	0.1mg	镁	8mg	铁	0.3mg
锰	0.05mg	硒	0.17μg	铜	0.05mg

西瓜作为食品和药品加工原料，应用相当广泛。常见的西瓜食品有西瓜子、西瓜汁、西瓜酱、西瓜脯、西瓜酒、西瓜罐头等，还可用其加工成西瓜霜和西瓜果胶等药品。

此外，鲜西瓜皮、干制西瓜皮均可入药，对防治水肿、烫伤、肾炎等有一定疗效。用其提取的番茄红素对男性前列腺有保健作用。

第三节　我国西瓜生产现状、存在问题和解决策略

一、生产现状

1. 目前我国西瓜常年播种面积200多万公顷，占蔬菜播种面积的10%以上，种植面积和总产量均居世界第一位。

2. 露地栽培技术不断改进，在西瓜单一茬口栽培的基础上发展了西瓜与其他粮、菜、果树等作物间、套作技术，取得了瓜粮、瓜菜、瓜果双丰收。

3. 露地双膜覆盖，大、小拱棚和日光温室等设施栽培发展迅速，基本可实现西瓜周年生产，四季供应，经济效益显著提升。

4. 品牌培育成效显著，形成了诸多西瓜优势产区，品牌价值初步显现。结合当地的适宜环境和栽培技术，我国新疆吐鲁番、兰州沙田、陕西关中、河南汴梁及北京大兴、山东昌乐、上海崇明、江苏东台、浙江宁波等露地和设施西瓜产区均已形成独具特色的发展模式，必将为我国西瓜产业发展做出更大贡献。

二、存在问题和解决策略

1. 生产组织化程度较低，价格波动造成年际经济效益不稳定。我国西瓜生产多为一家一户式生产模式，组织化程度较低，缺乏对市场的预警机制，瓜农往往根据当年价格决定第二年的生产规模，从而导致生产面积和价格的波动，瓜贱伤农现象影响了土地产出和农户种植积极性。因此，应加强对各类西瓜专业合作社、农业协会及家庭农场的扶持和建设，鼓励西瓜规模化、基地化、标准化生产，提高集体抗市场风险能力。

2. 品种配套和设施栽培品种培育不足。目前，我国不同地区西瓜栽培早、中、晚熟品种配套基本齐全，可以分期收获上市。但随着棚室西瓜栽培技术的发展，耐低温、耐湿、耐弱光、抗病的保护地专用品种开发较少，不能满足生产需求。而引进国外设施专用西瓜品种价格昂贵，生产成本大增。因此，国内相关育种机构应积极加强科技攻关，尽快选育出适于不同保护地栽培的配套品种。同时要着力加强设施栽培配套技术的研发和应用，以促进我国设施西瓜产业的健康发展。

3. 西瓜抗重茬品种和技术的研发与推广仍需加强。我国一家一户式的西瓜生产模式使西瓜轮作难度加大，而常年连作导致枯萎病、猝倒病、炭疽病等土传病害多发，西瓜高产优质生产难度增加。因此，科研部门应积极采取措施选育抗病或耐重茬品种及亲和性好的嫁接砧木，并大力推广嫁接技术，提高西瓜连作障碍克服的水平和能力。

第二章　西瓜优良品种介绍

本章介绍了我国目前各地的主栽西瓜品种及新育成的部分新品种，以国产良种为主，附加部分国外引进良种，着重突出了适于棚室栽培的中早熟西瓜良种，为从事西瓜棚室栽培的种植户提供参考。种植户应在把握当地西瓜品种适销情况和栽培品种适应性的基础上进行品种选择方能取得较好的栽培效果。

第一节　特早熟小果型优良品种

特早熟小果型优良品种的共同特点：生育期80~85天，果实发育期25~28天，单瓜重2~3kg，表现为果型小、皮薄易裂、极早熟、品质优，可一株多果，适于棚室早熟栽培。其代表品种如下。

一、早春红玉（图2-1）

图2-1　早春红玉

该品种是由日本米加多公司选育的杂交一代极早熟小果型西瓜。早春季节保护地栽培一般于5月收获，果实发育期为35~38天，夏秋露地种植一般于9月收获，果实发育期为25~30天。果实为长椭圆形，果皮底色为深绿色，覆锯齿状墨绿色条纹，果皮厚为0.4~0.5cm，瓤色鲜红，纤维少，瓤质脆嫩，风味佳。中心折光糖含量为12%以上，商品性好。单瓜重1.5~2.0kg，一般亩产（1亩=667m^2）2000kg左右。

二、春光（图2-2）

该品种是由合肥华夏西瓜甜瓜科学研究所选育的杂交一代新品种。早熟，早春季节保护地栽培的果实发育期为32~35天，夏秋露地种植的果实发育期为30天左右。植株生长健壮，较耐低温，早春棚室栽培的雌雄花分化正常，易坐果。果实为长椭圆形，果皮底色鲜绿，覆墨绿色齿状条纹，果皮厚0.3cm，柔韧性好，不易裂瓜，较耐储运。瓤色鲜红，瓤质脆嫩，中心折光糖含量为13%左右，中边糖梯度小，风味佳。单瓜重1.5~2.0kg，适于上海、江浙等地露地栽培。

三、华晶5号（图2-3）

该品种是由洛阳市农发农业科技有限公司选育的杂交一代小型西瓜。为极早熟种，果实发育期25~28天。果形为椭圆形，果皮绿色，覆墨绿色条带，果皮厚0.5cm，较韧耐裂，较耐储运。瓤色鲜红，瓤质脆爽，中心折光糖含量13%左右，中边糖梯度小。植株长势较强，第1雌花着生节位第4~7节，雌花间隔4~5节，易坐果，单株结瓜2~3个。单瓜重1.5~2.0kg，亩产3600kg左右。该品种适应性广，适宜在江西、湖南、湖北、四川、陕西保护地作为春播早熟栽培。

图2-2　春光　　　　　　　　　　图2-3　华晶5号

四、秀丽（图2-4）

该品种是由安徽省农业科学院园艺研究所选育。系杂交一代小型西瓜。属极早熟种，全生育期80~85天，果实发育期24~26天。果形为椭圆形，果皮鲜绿，覆深绿色锯齿形窄条带15~16条，皮薄耐裂，较耐储运。瓤色鲜红，瓤质脆爽，中心折光糖含量13%~14%。中边糖梯度小，风味佳。单瓜重1.5~2.0kg，不易倒瓤空心。植株生长健壮，耐低温弱光，早春棚室栽培易坐果。

五、京秀（图2-5）

该品种是由国家蔬菜工程技术研究中心选育的杂交一代小型西瓜。早熟，全生育期85~90天，果实发育期26~28天。果实椭圆形，果皮绿色，覆锯齿形深绿色窄条带，果实周正美观，较耐储运。果实剖面均一，无空心、白筋等。果肉红色，肉质脆嫩多汁，少籽，风味极佳。中心折光糖含量13%，中边糖梯度小。单瓜重1.5 ~ 2.0kg，易坐果，单株结瓜2~3个，亩产可达2500~3000kg。植株生长健壮，分枝性弱，耐炭疽病、疫病等，较耐低温，适于保护地或露地进行多层覆盖提早栽培或秋季延迟栽培。

图2-4 秀丽　　　　　　　　　　　　　图2-5 京秀

六、春艳（图2-6）

该品种是由安徽省农业科学院园艺研究所选育的杂交一代小型西瓜。极早熟，全生育期75 ~ 80天，果实发育期24~25天。果形为椭圆形，果皮鲜绿色，覆深锯齿形窄条带15 ~ 16条。瓜形周正，不空心，皮薄耐裂，较耐储运。瓤色深红，瓤质细嫩脆爽，少籽，中心折光糖含量13%，边糖含量11%，风味佳。单瓜重2.5kg左右，亩产量3200kg左右。植株生长健壮，不易早衰，易坐果，连续坐果能力强。耐低温弱光、耐湿，宜早春种植。

七、红小帅

红小帅是由北京市农业技术推广站选育的杂交一代小型西瓜。田间生长势中等，果实发育期31天，抗病性中等，主蔓第8~9节着生第1雌花，雌花间隔4~5节。易坐果，平均单瓜重1.14kg，果实椭圆形，果形指数为1.21，花皮，红瓤，中心折光糖含量10.73％，边部折光糖含量9.19％，质地脆，纤维少，口感较好，籽少，果皮厚0.47cm，较脆，耐储运性中等。适于北京地区栽培。

八、红小玉（图2-7）

红小玉由日本南都种苗株式会社选育，系杂交一代小型西瓜。该品种早熟，全生育期80~83天，果实生育期23天左右。

果实高圆形，果形端正，果皮深绿色上覆16~17条细虎纹状条带，外观漂亮。皮厚0.3cm，皮韧不裂，较耐储运。果肉深桃红色，剖面均一，不空心，瓤质脆沙爽甜，口感风味佳。中心折光糖含量13％以上，中边糖梯度小。单瓜重2kg左右，易坐果，单株结瓜2~3个，亩产可达2000~3000kg,，植株生长势旺盛，分枝性较弱，双蔓第1雌花着生节位第5~7节，以后每隔4~5节着生一雌花。抗炭疽病、疫病、耐低温性较好。

图2-6　春艳

图2-7　红小玉

九、秀美（图2-8）

秀美是由安徽省农业科学院园艺研究所选育的杂交一代小型西瓜。该品种极早熟，果实发育期26天左右。果实高圆形，果皮鲜绿色，花纹明显有规律。瓜瓤红色，肉质细嫩，中心折光糖含量13％~13.5％，边糖含量10.5％，风味和口感极佳。单瓜重1.5~2kg，瓜皮薄，有韧性，耐储运。幼苗期生长缓慢，2片叶后生长迅速，耐低温弱光、耐湿性好。抗病性极强，耐重茬种植，适于春、秋季大小拱棚栽培。

十、特小凤（图2-9）

特小凤是由台湾农友种苗公司选育的杂交一代小型西瓜。该品种极早熟，全生育期80天左右，果实发育期25天左右。果形为高圆形，果皮绿色，覆墨绿色条带，果肉金黄色，瓤质脆爽、甜而多汁，中心折光糖含量12%左右，中边糖梯度小，果皮极薄，易裂瓜。单瓜重1.5kg，亩产2000kg左右。较耐低温，适于秋、冬、春三季保护地栽培。

图2-8　秀美

图2-9　特小凤

十一、黄小玉（图2-10）

黄小玉是由日本南都种苗株式会社选育的杂交一代小型西瓜。该品种早熟，全生育期90天左右，果实发育期28天左右。果形为高圆形。果皮绿色，覆墨绿色虎纹状条带，果肉深黄色，瓤质脆沙，细嫩爽口，不易倒瓤，中心折光糖含量12.5%以上，中边糖梯度小，口感风味佳。果皮极薄，仅为0.3cm，皮韧，耐储运。单瓜重1.5～2.0kg，亩产2000～3000kg。植株生长势中等，分枝力强，主蔓第1雌花着生节位第5~7节。雌花间隔4～5节，坐果性好，单株结瓜2~3个。抗性强，耐炭疽病、疫病，低温生长性良好，适于保护地栽培。

十二、小兰（图2-11）

小兰是由台湾农友种苗公司选育的杂交一代小型西瓜。该品种极早熟，全生育期80天左右，果实发育期25天左右。果实圆球形，果皮浅绿色，上覆青色窄条纹。果肉黄色晶亮，中心折光糖含量13%以上，中边糖梯度小，口感风味佳。果皮极薄，不耐储运。单瓜重1.5~2.0kg，亩产2000~3000kg。抗性好，适于日光温

室特早熟栽培，

图2-10　黄小玉

图2-11　小兰

十三、金玉玲珑（图2-12）

该品种是由中国农业科学院郑州果树研究所选育的杂交一代小型西瓜。极早熟，全生育期85~90天，果实发育期26~28天。果实高网形，外观周正，浅绿色果皮，上覆深绿色齿状条带，中心折光糖含量11.0%~12.0%、果实边部含糖量9.0%，果肉橙黄色，剖面色泽匀、肉质细、口感好。果皮薄，耐裂，耐储运。抗逆性好，易坐果，单瓜重1.5~2.0kg，适于保护地栽培。

图2-12　金玉玲珑

十四、黄小帅（图2-13）

该品种是由北京市农业技术推广站选育的杂交一代小型西瓜。田间生长势中等，果实发育期32天，主蔓第8~9节着生第1雌花，雌花间隔4~5节。易坐果，平均单瓜重1.16kg，果实短椭圆形，果皮绿色，上覆宽齿条纹，黄瓤，中心折光糖含量10.10%，边部折光糖含量8.80%，肉质细脆、多汁、纤维少、口感好，果皮厚0.40cm，较脆，耐储运性中等。适于北京地区栽培。

十五、春兰（图2-14）

春兰是由安徽省合肥丰乐种业瓜类研究所选育的杂交一代小型西瓜。该品种早熟，全生育期80~85天，果实发育期27天左右。果实圆形或高圆形，绿皮覆墨绿细齿条，外形美观。皮厚0.5cm，较韧，耐储运。黄瓤质细，剖面均匀，脆嫩多汁，中心折光糖含量12%以上，中边糖梯度小，风味佳。平均单瓜重2.5kg，亩产约2300kg。植株长势稳健，主蔓第6节左右出现第1雌花，雌花间隔5~7节，极易坐果，较耐弱光、低温，适宜各地区保护地和露地栽培。

图2-13 黄小帅　　　　　　　　　　图2-14 春兰

十六、早春佳玉

早春佳玉是由中国农业科学院郑州果树研究所选育的杂交一代早熟西瓜。早熟，果实发育期23天左右，果实高圆形，绿果皮上覆深绿色锯齿条带：果肉纯黄色，中心折光糖含量12%左右，中边糖梯度小，肉质细脆，口感好，果皮厚度0.4cm左右；平均单瓜重2.5kg左右，适于全国各地保护地栽培。

十七、黑美人（图2-15）

该品种是由台湾农友种苗公司选育的杂交一代西瓜。早熟，春季种植，全生育期90天左右，果实发育期26～28天。果实长椭圆形，墨绿皮上覆隐暗花条带。皮厚0.8～1.0cm，极韧，耐储运。瓤色深红，质脆多汁，中心折光糖含量13%，中边糖梯度小。单瓜重2.5kg左右，亩产2500kg左右。适应性广。

十八、黑龄童（图2-16）

黑龄童是由黑龙江省大庆市庆发种业有限责任公司选育的杂交一代西瓜。该品种特早熟，植株生长势中等，极易坐果，从雌花开放到果实成熟需20～22天。果实高圆形，黑色果皮上覆深黑色暗条纹，果皮薄且坚韧，果肉红色，中心折光糖含量12%以上，风味极佳，商品性状好。单瓜重1.5～3.0kg。

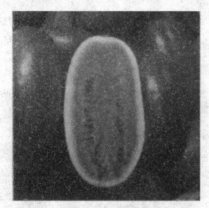

图2-15　黑美人

图2-16　黑龄童

十九、金冠1号（图2-17）

金冠1号是由中国农业科学院蔬菜花卉研究所选育的杂交一代小型西瓜。该品种早熟，夏季栽培全生育期为80~85天，果实发育期25～28天，保护地栽培果实发育期32~35天。果实高圆形至短椭圆形，果皮深黄至金色，红瓤，质细脆爽，风味极佳。中边糖梯度小。皮薄且韧，耐储运。易坐果，单瓜重2~3kg。植株生长势中等，叶柄、部分叶脉和幼果呈黄色。

二十、宝冠（图2-18）

宝冠是由台湾农友种苗公司选育的杂交一代西瓜。该品种全生育期70~80天，果实高圆形，果皮金黄色，外形美观。单瓜重2.5kg左右，果肉红色，肉质细腻爽口，汁多味甜。皮极薄而韧，耐储运。易坐果，单株结瓜4个以上。耐炭疽病、病毒病、白粉病，适应性广。

图2-17 金冠1号

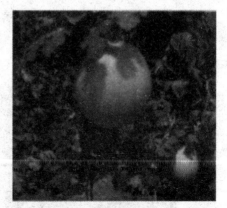

图2-18 宝冠

二十一、华晶3号（图2-19）

华晶3号是由洛阳市农发农业科技有限公司选育，系杂交一代小型西瓜。该品种早熟，全生育期70~80天，果实发育期25~28天。果实圆形，果皮黄色，有深暗条带，果皮厚0.8~1.0cm，韧性好，耐储运。瓜瓤红色，中心折光糖含量12.5%左右。苗期长势较弱，叶深缺刻，叶柄、叶脉、果柄、子房全为黄色。主蔓第1雌花着生节位第5~7节，雌花间隔4~5节。易坐果，单株结瓜2~3个。单瓜重1.5kg，亩产量2000kg左右。抗病毒病、枯萎病，轻感炭疽病，耐肥水。

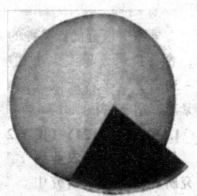

图2-19 华晶三号

二十二、潍科2号（图2-20）

该品种是由潍坊科技学院园艺科学与技术研究所选育的杂交一代西瓜。植株生长势中等，叶柄和叶脉黄色，易坐瓜。果实椭圆形，果皮浅黄，覆黄色齿条纹。果实发育期28天左右，中早熟。单瓜重2~3kg。果肉大红色，中心折光糖含最11.0%以上。肉质脆甜，无酸味。　　果皮厚1.0cm，皮韧耐裂。适于日光温室及大拱棚作为礼品西瓜栽培。

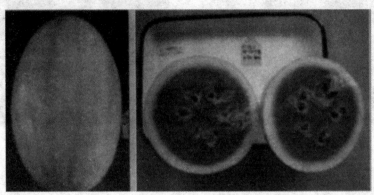

图2-20　潍科2号

第二节　中早熟中果型优良品种

中早熟中果型优良品种的共同特点：生育期短，一般为80～90天，容易坐果，果实大小适中，一般单瓜重4~6kg，果实发育期25～30天，适于普通家庭消费，株型紧凑，适于密植。

一、早佳（84—24）（图2-21）

图2-21　早佳（84—24）

早佳（84-24）是由新疆农业科学院园艺研究所和葡萄瓜果研究中心选育的杂交一代早熟西瓜。该品种早熟，从开花至成熟需28天左右。易坐果，果实圆形，果皮绿色，覆墨绿色齿纹，皮厚0.8~1.0cm。果肉粉红色，剖面均一，肉质松脆多汁，不易倒瓤。中心折光糖含量12.5%左右，风味佳。单瓜重4~5kg，亩产可达3000kg。表现为植株生长稳健，耐低温弱光，适于保护地早熟栽培。

二、京欣2号（图2-22）

京欣2号是由北京农林科学研究院蔬菜研究中心选育的杂交一代中早熟西瓜。该品种全生育期90天左右，果实发育期28~30天。果实圆形，果皮绿色，覆墨绿色条带，有蜡粉。红瓤，中心折光糖含量11%~12%，肉质脆嫩，风味佳。单瓜重5~7kg，亩产可达4500kg。高抗枯萎病，兼抗炭疽病，较耐低温弱光，适于保护地和露地早熟栽培。

三、世纪春蜜（图2-23）

该品种是由中国农业科学院郑州果树研究所选育的杂交一代早熟西瓜。全生育期85天左右，果实发育期为25天左右。植株生长势中等偏弱，极易坐果，果实圆球形，果皮浅绿色，覆深绿色特细条带。果肉红色，肉质酥脆细嫩，口感极好，中心折光糖含量12.5%左右，品质上等。平均单瓜重4kg左右，亩产3000~3500kg。适于小拱棚、大拱棚及地膜覆盖栽培。

图2-22 京欣2号

图2-23 世纪春蜜

四、郑抗2号（图2-24）

该品种是由中国农业科学院郑州果树研究所选育的杂交一代早熟西瓜。全生育期85天左右，果实发育期为28天左右。果实椭圆形，果皮浅绿色、覆网状花纹，皮薄而韧，耐储运。第1雌花着生在主蔓第6~8节，雌花间隔4~6节。瓤大红，肉质脆沙，中心折光糖含量11%以上，品质佳，单瓜重5~6kg，亩产4000kg左右。植株生长势较强，分枝性中等，极易坐果，高抗枯萎病，耐重茬。

五、郑抗6号（图2-25）

该品种是由中国农业科学院郑州果树研究所选育的杂交一代早熟西瓜。植株生长势中等，极易坐果，果实发育期约25天，果实膨大速度快；果实椭圆形，绿色果皮上覆墨绿色锯齿条带，瓤大红，肉质脆沙，中心折光糖含量12.5%以上，中边糖梯度小，口感风味好，品质极佳，平均单瓜重5~8kg，最大的12kg以上，平均亩产5000kg左右。皮薄而韧，耐储运，耐低温弱光，易栽培，适应性广，全国各地均可栽培。

图2-24　郑抗2号

图2-25　郑抗6号

六、郑抗7号（图2-26）

该品种是由中国农业科学院郑州果树研究所选育的杂交一代早熟西瓜。植株生长势中等，极易坐果，果实发育期约24天，果实膨大速度快；果实椭圆形，翠绿色果皮上覆墨绿色锯齿条带，条带清晰，外形美观，瓤大红，肉质脆沙，中心折光糖含量12.5%以上，口感风味好，品质极佳，平均单瓜重6~8kg，最大的16kg以上，平均亩产5000kg左右。皮薄而韧，耐储运，耐低温弱光，易栽培，适应性广，全国各地均可栽培。

七、中科6号（图2-27）

该品种是由中国农业科学院郑州果树研究所选育的杂交一代早熟西瓜。植株生长势中等，极易坐果，果实发育期约28天；果实圆形，绿色果皮上覆墨绿色中细锯齿条带，条带整齐清晰，有果粉，外观靓丽，瓤大红，肉质酥脆、汁多，口感风味特好，中心折光糖含量12.5％以上，品质特好，平均单瓜重6~8kg，大果可达12kg以上，平均亩产5000kg以上。耐裂性好，耐储运，高抗枯萎病。耐低温弱光能力强，适应性广，适于全国各地保护地早熟栽培。

图2-26　郑抗7号

图2-27　中科6号

八、翠丽（图2-28）

图2-28　翠丽

　　翠丽是由中国农业科学院郑州果树研究所选育的杂交一代早熟西瓜。该品种植株生长势中等，极易坐果，果实发育期约30天；果实圆形，绿色果皮上覆墨绿色细锯齿条带，表面光滑，有果粉，外形美观，瓤大红，肉质酥脆、汁多，口感风味特好，中心折光糖含量12.5％以上，品质好，平均单瓜重5~7kg，大果可达

12kg以上，平均亩产5000kg左右。耐裂性强，耐储运，适应性广，适于全国各地保护地早熟栽培。

九、品冠（图2-29）

品冠是由中国农业科学院郑州果树研究所选育的杂交一代早熟西瓜。该品种坐果早而稳，果实发育期27天左右；果实高圆形，绿色果皮上覆深绿色细条带，外形美观；皮极薄，不裂果，果肉红色，中心折光糖含量13%左右，水分足，口感极好，品质极佳；平均单瓜重4kg左右；在南方地区可作为早佳（84—24）的替代品种，但比早佳（84—24）皮色深，外观更美，在北方地区可作为城郊和采摘园的首选高品质中果型品种。

十、丰乐玉玲珑（图2-30）

该品种是由合肥丰乐种业股份有限公司所选育的杂交一代早熟西瓜。全生育期89天左右，果实发育期30天。植株生长势稳健，易坐果。果实圆球形，绿皮底上覆墨绿色锯齿条带，瓤红色，中心折光糖含量11.9%左右，平均单瓜重5~6kg，亩产4000kg以上。适宜在浙江、江苏、河北、河南、江西及相同生态区栽培。

图2-29 品冠

图2-30 丰乐玉玲珑

十一、丰乐5号

该品种是由合肥丰乐种业股份有限公司所选育的杂交一代中早熟西瓜。全生育期90天左右，果实发育期30天左右。果实椭圆形，果皮浅黑色覆墨绿色宽条带，有蜡粉。瓤红色，瓤质细脆汁多，中心折光糖含量12%左右，口感风味极佳。果皮厚1.0cm，不裂果，耐储运。单瓜重7~8kg，亩产量4000kg以上。植株长势中等，分枝性强，高抗枯萎病，兼抗炭疽病，耐肥水。

十二、爱耶1号

该品种是由山西北方种业有限公司和天津市园艺工程研究所选育的杂交一代中早熟西瓜。全生育期80~90天，果实发育期28~30天。果实圆形，果皮绿色覆深绿色条带。果皮坚韧，抗裂果，耐储运。瓜瓤鲜红色，质地细脆多汁，中心折光糖含量12.5%左右，边糖含量10.0%左右，中边糖梯度小。果实大小适度，单瓜重5~6kg。亩产量4000kg以上。植株生长健壮，第1雌花着生在第5~6节位，易坐果。田间表现抗枯萎病、蔓枯病、炭疽病，表现出较强的抗逆性。

十三、潍科1号（图2-31）

该品种是由潍坊科技学院园艺科学与技术研究所选育的杂交一代西瓜。其植株生长势中等，叶片上冲，株型较紧凑，易坐果。果实椭圆形，果皮绿色覆墨绿色齿条纹。果实发育期32天左右，中早熟。单瓜重4~5kg，果皮厚1.2cm左右。果肉大红色，中心折光糖含量12.0%。肉质沙甜，无酸味。果皮薄韧，不易裂瓜，耐储运。适于日光温室及大拱棚栽培。

图2-31 潍科1号

第三节 中晚熟大果型品种

中晚熟大果型品种植株长势强，生育期较长，一般为90~100天，果实发育期需30~40天。果型较大，成熟晚，一般适合露地覆膜栽培。其代表品种如下。

一、西农8号（图2-32）

西农8号是由西北农林科技大学园艺学院选育的杂交一代中晚熟西瓜。该品种全生育期100天，从开花到果实成熟需35~38天。第1雌花出现在主蔓第7~8节，雌花间隔3~5节，易坐果。果实椭圆形，果皮浅绿色覆深绿色条带。瓜瓤红色，质脆多汁，中心折光糖含量11%~13%，口感好。瓜皮厚1.2cm，耐储运。单瓜重8kg，亩产量4500~5000kg。植株长势较旺，抗枯萎病和炭疽病，适应性广。

二、郑抗10号（图2-33）

郑抗10号是由中国农业科学院郑州果树研究所选育的杂交一代中熟西瓜。该品种植株生长势强，易坐果，果实发育期约30天；果实椭圆形，绿色果皮上覆墨绿色锯齿条带，瓤大红，肉质脆沙，中心折光糖含量12%以上，品质佳，平均单瓜重8~12kg，大果可达15kg以上，平均亩产6000kg以上。皮薄而韧，耐储运，高抗枯萎病，适应性广。

图2-32　西农8号

图2-33　郑抗10号

三、特大新抗9号（图2-34）

该品种是由中国农业科学院郑州果树研究所选育的杂交一代中熟西瓜。植株生长势强，易坐果，果实发育期约32天；果实椭圆形，果皮纯黑色，瓤大红，肉质脆沙，中心折光糖含量12%以上。品质好，平均单瓜重8~12kg，大果可达15kg以上。平均亩产6000kg以上。果皮坚韧，极耐储运，高抗枯萎病，兼抗病毒病，适应性广，尤其适于黄淮海地区沙质壤土栽培。

四、丰抗8号（图2-35）

丰抗8号是由合肥丰乐种业股份有限公司选育的杂交一代中晚熟西瓜。该品种全生育期110天，从开花到果实成熟需35天左右。果实椭圆形，果皮浅绿色覆深绿色条带。瓜瓤红色，质脆多汁，纤维中等，中心折光糖含量12%，口感好。瓜皮厚1.1cm，耐储运。单瓜重7~8kg，亩产量4000kg以上。植株长势强，分枝性强，抗枯萎病和炭疽病，适应性广。

图2-34　特大新抗9号

图2-35　丰抗8号

五、开杂15号

开杂15号是由河南省开封市农林科学研究院育成的大果，其抗病、黑皮、耐储运、高产，属中熟一代杂交种。该品种全生育期105天，从雌花开放到果实成熟需33天。果实椭圆形，果皮墨绿色、坚韧。瓤红色、质脆，风味纯正。中心折光糖含量11.5%，坐果性好，平均单瓜重8~10kg，，适宜华北地区种植。

六、庆发黑马

庆发黑马是由黑龙江省大庆市庆农西瓜研究所选育的杂交一代中熟西瓜。该品种全生育期115天，果实发育期35天左右。果实椭圆形，果皮墨绿色。瓜瓤红色，质脆多汁，中心折光糖含量12%以上，口感好。皮薄而韧，耐储运。单瓜重8~10kg，亩产量6000kg以上。植株长势强，抗病性强，适应性广。

第四节　无籽西瓜品种

一、京玲（图2-36）

京玲是由北京农林科学院蔬菜研究中心选育的杂交一代小果型无籽西瓜。该

品种早熟，果实发育期26天左右，全生育期85天左右。果实圆形，果皮绿色覆盖墨绿色条纹，果实周正美观。植株生长势中等，易坐果，耐裂，无籽性能好。果实剖面均一，不易空心，无白筋等；果肉红色，口感脆爽，风味佳；中心折光糖含量12%~13%。中边糖梯度小，皮薄。单瓜重2~2.5kg，每株可结瓜2~3个。适于保护地或搭架早熟栽培

二、墨童（图2-37）

墨童是由寿光先正达种子有限公司选育的杂交一代小型无籽西瓜。该品种早熟，果实发育期35天左右。植株生长势强，第1雌花着生节位第7~10节，雌花间隔5~6节。果实高圆形，果皮墨绿色覆细网纹，表面有蜡粉。果皮厚度0.74cm，皮韧，耐运输。瓤红色，中心折光糖含量10.6%，纤维少，无籽性好。平均单瓜重1.94kg，商品果实率96%，亩产量3000kg以上。

图2-36 京玲

图2-37 墨童

三、帅童（图2-38）

帅童是由寿光先正达种子有限公司选育的杂交一代小型无籽西瓜。该品种早熟，果实发育期36天左右。植株生长势强，第1雌花着生节位第8节左右。果实高圆形，果皮绿色覆齿条带，有蜡粉，果皮厚0.7cm，皮韧耐裂。果肉红色，无或少有着色秕籽，白色秕籽少且小，中心折光糖含量11.8%，边糖含量9.2%，口感好。单瓜重1.8kg，果实商品率96.0%，亩产量3000kg以上。枯萎病苗期室内接种鉴定结果为感病。

四、蜜童（图2-39）

蜜童是由寿光先正达种子有限公司选育的杂交一代早熟小型无籽西瓜。该

品种全生育期95天左右，从雌花开放到果实成熟需30天左右。植株生长势中等。第1雌花着生于主蔓第7~10节，雌花间隔5~6节。果实高圆形，果皮绿色上覆深绿色细条带，果皮厚0.79cm。瓤红色，中心折光糖含量12.0%，白秕籽，粗纤维较少，品质较优。单瓜重2.36kg，亩产2500kg左右。果实可食率63%。耐湿性较强，抗病性较好。

图2-38 帅童　　　　　　　　　图2-39 蜜童

五、雪峰小玉红无籽（图2-40）

该品种是由湖南省瓜类研究所选育的杂交一代小果型无籽西瓜。早熟，全生育期88~89天，果实发育期28~29天。果实高圆形，果皮绿色上有深绿色虎纹状细条带，外形美观。果皮厚度0.6cm，较耐储运。果肉鲜红一致，无黄筋硬块，纤维少，无着色秕籽，白色秕籽少而小，果实汁多味甜，中心折光糖含量12.5%，口感风味极佳。单瓜重2.5kg，亩产一般为2500~2700kg，生长势强、耐病、抗逆性强。易坐果，适于保护地和露地栽培。

图2-40 雪峰小玉红无籽

第三章　西瓜棚室栽培关键技术

第一节　西瓜植物学特征

西瓜属葫芦科、西瓜属。一年生蔓性草本植株。西瓜植株由营养器官（根、茎、叶）和生殖器官（花、果实、种子）构成。

一、根

西瓜的根系分布深而广，可以吸收利用较大容积土壤中的营养和水分，可直接参与有机物质的合成。其主根入土深达1米以上，在主根近土表处形成一级根，其上又分生多级次生根向四周水平方向伸展，在茎节上形成不定根。西瓜根系伸展得深而广，是其耐旱的特征之一。西瓜根系发生较早，开始坐果时，根系生长达高峰。根纤细，易损伤，一旦受损，"木栓化"程度高，新根发生缓慢，故不耐移栽。育苗移栽时，最好采用营养钵育苗，以减少根系损伤，保证成活率。根系生长好氧性强，故在土壤结构良好、空隙度大、土壤通气性好的条件下吸收机能加强，根系发达。在通气不良的条件下，则抑制根系的生长和吸收机能。西瓜根系生长的适宜土壤酸碱度为pH=5.5～7。因此，西瓜最适宜沙质土壤栽培。

二、茎

西瓜茎包括下胚轴和子叶节以上的瓜蔓。茎上有节，节上着生叶片，叶腋间着生苞片、雄花或雌花、卷须和根原始体。根原始体接触土面时会发生不定根。西瓜瓜蔓前期节间短，呈直立状，在长出一定长度时，便匍匐地面生长。另一个特点是分枝能力强。侧枝的长势因着生位置而异，其后因坐果，植株的生长重心转移为果实的生长，形成数目减少，长势减弱。直至果实成熟后，植株生长得到恢复，侧枝重新发生。

三、叶

西瓜的子叶为椭圆形。真叶中间裂片较长，两侧裂片较短，裂片羽状分裂，边缘波状或具疏齿。西瓜叶片的形状与大小因着生位置而异。第1片真叶呈矩形，无缺刻，而后随叶位的长高裂片增加，缺刻加深。第4～5片以上真叶是主要的功能叶。叶片的大小和素质与整枝技术有关。在田间可根据叶柄的长度和叶形指数判断植株的长势。叶柄较短、叶形指数较小是植株生长健壮的标志。相反，叶柄伸长、叶形指数大，则是植株徒长的标志。因此，在果实生长期，通过植株调整，增加功能叶的数量和功能是栽培中的重要技术问题。

四、花

西瓜的花为雌雄同株，均单生于叶腋，花冠合生成漏斗状，被长柔毛，花丝粗短，雌花较雄花大，雄花的发生早于雌花，雌花柱头和雄花的花药均具蜜腺，虫媒花。西瓜花芽分化较早，在子叶期雄花芽就开始分化。真叶初期为雌花分化期。育苗期间的环境条件，对雌花着生节位及雌雄花的比例有着密切的关系。较低的温度，特别是较低的夜间温度有利于雌花的形成，在2叶期以前短日照可促进雌花的发生。无论雌花或雄花，都以当天开放的生活力较强，授粉受精结实率最高。

五、果实

西瓜的果实由子房发育而成，由果皮、内果皮和带种子的胎座三部分组成。西瓜果皮紧实，具有比较复杂的结构。中果皮，即习惯上所称的果皮，较紧实，无色，含糖量低，一般不可食用。中果皮厚度与栽培条件有关，它与贮运性能密切相关。食用部分为带种子的胎座。果实表面光滑，果实有圆形、长椭圆形等形状。果皮有不同程度的绿色、黄色和黑色，或附各色条纹。果肉分黄、红、白等颜色，有的果肉还有两种颜色混合。肉质分沙瓤、水沙瓤、软肉瓤、硬肉瓤。

六、种子

种子扁平、卵圆或长卵圆形，平滑或具裂纹。种皮白色、浅褐色、褐色、黑色或棕色，单色或杂色。种子的主要成分是脂肪、蛋白质。西瓜种子吸水率不高，但吸水进程较快，干燥种子吸水24小时达饱和状态。种子发芽适宜温度

为25～30℃，最高35℃，最低15℃。采收后种子在果实内后熟，能显著提高尚未充分成熟的种子的发芽率和发芽势。刚采收的种子发芽率不高，是由于果汁中含有抑制种子发芽的物质。经过一段时间储藏后抑制物质消失，在第2年播种时不影响发芽率。

第二节　西瓜生长发育周期

西瓜的生长发育具有明显的阶段性，其生育周期可分为发芽期、幼苗期、伸蔓期和结果期四个时期。西瓜生育周期的长短，在不同类型和品种之间差异较大。在适宜的条件下，小西瓜的全生育期一般为55~65天，从雌花开花到果实成熟，小西瓜只需要20多天，比普通西瓜的早熟品种成熟期要提早7～10天。大型晚熟西瓜的全生育期可达到100～115天。

一、发芽期

西瓜从种子萌动到第一片真叶显露为发芽期。西瓜在发芽期主要依靠种子内贮存的营养进行生长，主要是胚轴的生长。因而种子的绝对重量和种子的贮存年限对发芽率和幼芽质量具有重要影响。西瓜发芽期的长短与种子处理及土壤温、湿度有关。遇到不适条件将引起沤籽等生理障碍，造成缺苗断垄。幼苗出土后应适当降低温度和湿度，防止下胚轴徒长，形成高脚苗。

二、幼苗期

西瓜从第一片真叶显露到开始伸蔓为幼苗期，表明植株已经到达了能够独立生长的阶段。下胚轴开始伸长形成幼根。植株初期呈直立状态，后期开始匍匐生长。西瓜在幼苗期，地上部分生长较为缓慢，根系生长极为迅速，且具有旺盛的吸收功能。幼苗期是西瓜花芽分化期，第1片真叶显露时花芽分化就已经开始。构成西瓜产量的所有花芽都是在幼苗期分化的，因此在幼苗期应适当浇水追肥及中耕来提高地温，促进根系发育和花芽分化。

三、伸蔓期

西瓜从真叶伸蔓到主蔓第二雌花开花为伸蔓期。此时植株开始匍匐生长，根系继续旺盛发育。这个阶段又划分为伸蔓前期和伸蔓后期两个时期。

1. 伸蔓前期

节间伸长，茎叶生长加快，叶数增加，是茎蔓伸长和叶面积增多增大的最快时期，生长中心在植株顶端生长点上，光合作用的产物主要输送给生长的茎叶。为了促进雌花发育，栽培上应以"促"为主，增加同化产物积累，为及时开花坐果提供物质基础。

2. 伸蔓后期

此期植株长势逐渐增强，是第二雌花现蕾开花之际，为了调节、平衡营养生长与生殖发育的关系，防止徒长，促进第二雌花发育，栽培上以"控"为主，通过肥水、植株管理来控制茎叶生长，减少营养消耗，使光合产物更多地向花果传输，这个时期也是营养生长向生殖生长转变的关键时期。

四、结果期

西瓜从第二雌花开花到果实生理成熟为结果期。结果期所需日数的长短，主要取决于品种的熟性和当时的温度状况。西瓜进入结果期，根、茎、叶急剧增长，根系已基本形成，植株叶面积达到最大值。此期又分为果实坐果期、果实膨大期和果实成熟期三个阶段。

1. 果实坐果期

从第二朵雌花开放到幼果达到鸡蛋大小的一段时间为果实坐果期。这阶段是西瓜从营养生长为主向生殖生长为主的转折期，由于此时处于开花坐果阶段，果实生长优势尚未形成，仍以茎叶生长为主，容易发生疯秧而导致落花落果。栽培上主要以促进坐果为中心，严格控制灌水，及时整枝打杈和压蔓，并采取人工辅助授粉或激素处理等措施。

2. 果实膨大期

西瓜果实从鸡蛋大小到"定个"为果实生长全盛期，亦称膨大期。此期果实生长优势已经形成，植株体内的同化物质大量向果实中转化，果实直径和体积急剧增长，是决定西瓜产量高低的关键时期。果实膨大期对肥水的需要量达到最高峰，此时肥水供应不足，不仅果实不能充分膨大而减产，也容易对植株产生抑制作用而"坠秧"，并导致脱肥和早衰。此阶段在栽培上以促进果实膨大为主，应肥水充分并喷施营养液防止叶片早衰。

3. 果实成熟期

从果实定个到生理成熟为成熟期。这一时期植株逐渐衰老，果实生长缓慢，果实内部物质发生生化反应，胎座细胞色素含量增加，还原糖含量下降，果糖、蔗糖含量增加，甜度提高，瓜瓤肉质松脆或软化，种子成熟，对产量影响不大，是决定品质好坏的关键时期。在栽培上应采取翻瓜和垫瓜等措施以提高果实的品质，在减少浇水、保持供水平衡的同时应防止植株早衰，防治病虫害。

第三节 西瓜对环境条件的要求

一、温度条件

西瓜属热带作物，整个生长周期的适宜温度为18～32℃，需要2500～3000℃的积温，耐高温，40℃时仍能保持一定的光合效能。不耐低温，根系生长的最低温度为8～10℃，茎叶生长的最低温度为10℃，果实发育最低温度为15℃。营养生长期可以适应较低的温度，而坐果及果实的生长阶段必须有较高的温度。西瓜发芽期适宜温度为25～30℃，幼苗期适宜温度为22～25℃，伸蔓期适宜温度为25～28℃，结果期适宜温度为30～35℃。开花坐果期，温度不得低于18℃，低温下形成的果实容易出现畸形、皮厚、空心等情况。坐瓜后需较大的昼夜温差，较高的昼温和较低的夜温有利于西瓜的生长发育，特别是在生长发育后期，较大的昼夜温差有利于果实中糖分的积累。我国北方地区，一般昼夜温差较大，西瓜含糖量高，生产的西瓜品种优于南方。

二、光照条件

西瓜是短日照作物，光饱和点为80000勒克斯，光补偿点为4000勒克斯。整个生育期都需要有充足的日照。结果期要求日照时数10～12小时以上，短于8小时结瓜不良。西瓜对光照条件反应十分敏感。光照充足时，表现出植株节间和叶柄较短、蔓粗、叶片大而厚实、叶色浓绿。在连续多雨、光照不足的条件下，则表现为植株节间和叶柄较长、叶形变得狭长、叶薄而色淡、容易染病；在坐果期则严重影响养分积累和果实生长，果实含糖量显著下降。

三、水分条件

西瓜的上部叶片由于具有茸毛，叶片裂刻多，可以减少水分的蒸腾。西瓜根系不耐涝，当土壤含水量过高时，会造成根系缺氧而导致全株窒息死亡。试验表明西瓜植株发育以土壤持水量60%～80%最为经济。

1. 不同生育阶段西瓜对土壤含水量的要求

种子萌发期土壤含水量在15%左右；植株幼苗期土壤含水量在60%左右；伸蔓至开花期要求田间最大持水量为60%～70%；果实膨大期要求田间最大持水量为70%～80%。果实成熟期内，应控制和停止浇水，否则影响西瓜产量与品质。

2. 空气湿度

西瓜要求空气干燥，适宜的空气相对湿度为50%～60%。空气湿度过高则茎蔓瘦弱，坐果率低，果实品质差，病害发生率高；空气湿度过低会影响营养生长和授粉授精。

四、土壤条件

西瓜种植以沙壤土为最好，适宜土壤pH5.5～7，能耐轻度盐碱。西瓜需肥量较大，据试验，每生产1000千克西瓜产品，需氮2.25千克、磷0.9千克、钾3.38千克。而对硼、锌、钼、锰、钴等微量元素的反应较敏感，对钙、镁、铁、铜也有一定要求。营养生长期吸收的氮多，钾次之；坐果期和果实生长期吸收的钾最多，氮次之。在满足氮营养的同时，增施磷、钾肥可提高抗逆性和改善品质。钾对叶片氮代谢有良好的协调作用，增施磷肥有利于果实中蔗糖的积累。西瓜为忌氯作物，故不要施用氯化钾和氯化铵等肥料，否则会降低西瓜品质。西瓜对各元素的吸收量都有最适峰值。在西瓜栽培中，要想优质、高产、高效益，必须做到有机肥与无机肥的合理配合施用，三要素及其他元素的合理配比，不可偏施任何一种肥料。

五、CO_2条件

二氧化碳是植物光合作用的主要原料，空气中二氧化碳浓度的高低将影响到光合作用的强弱。保护地因栽培空间较小，又需控制温度和湿度，棚室内空气与外界交换受到限制，若二氧化碳补给不足，会影响植株的光合作用。据研究，西瓜二氧化碳的饱和点为1000毫升／升以上，而空气中二氧化碳的浓度仅为300毫

升／升，远不能满足西瓜生长需求。所以，应特别注意采取措施，提高棚室内二氧化碳的浓度，以确保优质丰产。

第四节　适宜棚室栽培的西瓜品种

西瓜品种很多，只有合理选择品种，并做到良种良法配套，才能获得高产高效。实践证明，即使是优良品种，其品种间生物学性状也不完全相同，适应性更不一样。有的品种耐湿性好，有的耐湿性差，有的品种耐高温，有的品种耐低温等。若种植条件不适合该品种的生长发育习性，栽培中就会出现不正常现象，如长势弱或徒长、化瓜多、坐瓜难、瓜个小、畸形瓜多等。那么，应该如何挑选适合自己种植的品种呢？这既要根据不同的生长季节和环境条件选择品种，确保种植成功，又要以市场为导向，根据消费者的习惯选择优良品种，以获得高产高效。

一、棚室西瓜栽培注意事项

（1）早熟或极早熟冬春保护地栽培，由于栽培时处于较冷季节，无论采用哪种透光材料覆盖，设施内光照条件均不如外界，设施内的空气湿度也比露地高。因此，一定要选择耐低温、耐弱光、耐高湿的品种，并且要求这些品种皮薄有韧性、品质好、易坐瓜、不倒瓤、耐贮运。

（2）近年来河南商丘、驻马店、漯河，山东临沂、昌乐，安徽亳州等地用中晚熟大果型品种（单瓜重8～10千克）进行早熟栽培，采取适当提前育苗、合理密植的措施，西瓜产量高，品质不错，运往南方城市，很受市场欢迎，解决了设施西瓜生产早熟与高产的矛盾，经济效益十分可观。

（3）供"元旦"、"春节"市场的秋冬茬晚熟西瓜，要选生育前期抗高温、病毒病，生育后期耐低温弱光，低温短日照条件下不影响果实膨大，收获后耐储藏、不倒瓤的西瓜品种。

（4）老瓜区重茬瓜，要选耐重茬、抗枯萎病品种，这些品种虽然抗病性较强，有较好的耐重茬性能，但多年重茬栽培仍会出现瓜小、产量低的现象。要根本解决这些问题，还应采取嫁接栽培。

（5）丘陵、荒滩瘠薄田块种植西瓜，宜选用生长势强，耐旱、耐瘠薄的西瓜品种。

二、各地棚室西瓜产区及栽培方式、品种

1. 北京西瓜优势产区

大兴区以大棚嫁接栽培为主。主要品种有中型西瓜，如京欣1号、京欣2号、京欣3号、航兴1号、航兴3号，小型西瓜如京秀、新秀、L600、红小帅等。顺义区以春大棚栽培为主。品种主要有中型西瓜，如京欣2号、京欣1号（见图3-1）、北农天骄等，小型西瓜如红小帅、红小玉、京秀（见图3-2）、早春红玉、福运来、L600等，无籽西瓜如黑蜜（见图3-3）、暑宝，小型无籽西瓜如京玲—3、甜宝小无籽、墨童、蜜童等。

图3-1 京欣1号西瓜

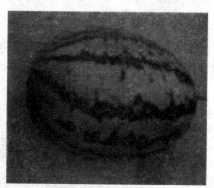

图3-2 京秀西瓜

图3-3 黑蜜西瓜

图3-4 8424西瓜

2. 天津西瓜优势产区

以春茬大棚、秋茬大棚栽培为主。品种以京欣系列为主。

3. 上海西瓜优势产区

浦东新区、崇明县，以大棚、小拱棚栽培为主，主要品种有8424（见图

3-4）、8714；小型西瓜以早春红玉、春光等为主；金山区品种以早佳、京欣系列为主；小型西瓜以早春红玉、春光、拿比特、小皇冠为主。

4. 河北西瓜优势产区

阜城县以大棚及小拱棚栽培为主。品种类型以早熟京欣类中型西瓜为主；石家庄新乐市，采用大棚、中小棚西瓜、礼品西瓜吊蔓栽培等多种栽培形式，以早熟品种为主，如京新1号、星研7号、胜欣；衡水市武邑县，主要采用大拱棚栽培，栽培品种以京欣类型为主，如贵妃、京欣2号、特大京欣1号等；保定市清苑县，以日光温室、大中小拱棚栽培为主。主要品种有早熟品种，如京欣1号、京欣2号，中晚熟品种如冠龙、西农8号（见图3-5）。

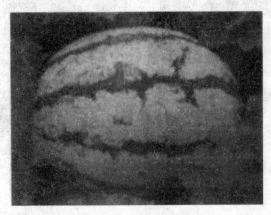

图3-5　西农8号西瓜

5. 辽宁西瓜优势产区

新民市梁山镇采用温室、大中棚、大拱、双拱模式栽培，主要品种有大型西瓜、小型西瓜及无籽西瓜类型，如京欣系列、地雷、万青2008、万青988、万青2009等。

6. 江苏西瓜优势产区

东台以大棚多层覆盖栽培为主，主要品种有京欣2号、8424等中型果和早春红玉、小兰、京阑等小型品种；淮安市盱眙县以大棚、小拱棚栽培为主，主要品种有京欣、8424类型花皮中型西瓜，西农8号类型长椭圆形西瓜，苏蜜类型黑皮西瓜，小兰类型礼品西瓜，早春红玉类型礼品西瓜；新沂市高流镇、双塘镇、时集镇以春大棚多茬栽培为主，品种主要有早佳8424、台湾小兰、黑美人等；南通市如东县以大棚早春、秋延栽培、小拱棚覆盖栽培为主，品种类型以花皮、圆形大中型的有籽西瓜为主，辅以小面积的无籽西瓜，主要品种有京欣系列、8424等有籽西瓜品种，豫艺966、豫艺926、郑杂新1号等无籽西瓜品种；南京市江宁区以大中棚栽培为主，主要品种有小兰、京欣1号、早佳等；连云港市东海县以大棚栽培为主，品种以早佳（8424）、京欣系列、麒麟王（黄瓤）以及早春红玉、小蘭为主；大丰市以大中小棚栽培为主，主要品种有8482、早春红玉、特小凤、京欣系列等；盐城市射阳县以大中棚栽培为主，主要品种有早春红玉、小兰等；徐州市铜山区采用日光温室、大中拱棚、露地栽培，主要品种有京欣1号、抗病京欣、特小凤、早春红玉、小兰、抗病新红宝、京秀等。

7. 浙江西瓜优势产区

宁波市鄞州区以毛竹大棚或钢棚爬地长季节栽培，品种以早佳8424为主；宁波市慈溪市以小拱棚地膜栽培为主，大棚长季节栽培为辅，主要品种有早佳8424、小兰等；湖州市长兴县以大棚多批次采收的栽培为主，主要品种有早佳8424、美都、小兰、早春红玉等；台州温岭市以毛竹大棚三膜覆盖全程避雨长季节栽培为主，品种以早佳8424为主；绍兴上虞市以小拱棚地膜覆盖栽培为主，品种以早佳8424为主；衢州市常山县以简易毛竹大棚长季节栽培为主，主要品种有拿比特、早春红玉、蜜童、嘉年华2号等。

8. 安徽西瓜优势产区

宿州市砀山县以中小拱棚、日光温室栽培为主，主要品种有京欣系列、8424；阜阳市、宿州市、蚌埠市以小拱棚栽培为主，品种主要以京欣系列、8424系列为主，小型瓜以秀丽、京秀、秀雅、京兰品种为主；肥东县以地膜覆盖加简易小拱棚为主，主要品种有早熟品种，如京欣系列、绿宝系列和国甜系列，中熟品种如绿宝8号、国抗8号、绿宝10号、丰抗8号、西农8号，无籽类如皖蜜、无籽2号、郑蜜5号等。

9. 福建西瓜优势产区

长乐市以秋冬茬大棚栽培为主，主要品种有日本黑宝、暑宝系列。福州市连江县以小拱棚栽培为主，主要品种有天王、黑武士、黑翡翠、绿明珠、农友黑宝、翠玲等品种。

10. 山东西瓜优势产区

菏泽市东明县以小拱棚栽培为主，主要品种有花皮西瓜，如京欣、鲁青7号、豫艺早花香等，无籽西瓜如郑抗3号、郑抗5号、台湾新1号；潍坊昌乐县全部棚室栽培，全县已推广无籽、有籽两个系列，红瓤、黄瓤两种类型，大、中、小三种规格的西瓜品种100多个；青州市以拱棚栽培为主，主要品种有京欣系列、早春红玉、新红宝（见图3-6）、黑美人、特小凤、新1号无籽西瓜；济宁市泗水县以拱棚早熟栽培为主。主要品种有京欣2号、欣喜2号，其次有黑皮圣达尔、庆红宝、丰收3号等；聊城市以大拱棚下三层覆盖栽培以及中小拱棚双膜覆盖栽培为主，主要品种有京欣、冠农、京抗2号等；临沂市以春三膜大拱棚西瓜栽培为主，主要品种有新疆农人、优秀2号、陕抗、京欣系列等；济南章丘市以大棚、小拱棚栽培为主，主要品种有黄河乡、京欣、京抗1号、蜜童、墨童、红艳、冰激凌等品种。

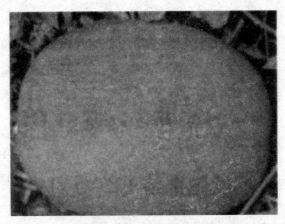

图3-6　新红宝西瓜

11. 郑州市西瓜优势产区

中牟县以大棚栽培为主，品种多为无籽系列的特大黑蜜5号、D—20、花蜜无籽、密玫无籽、台湾无籽、波罗蜜；有籽品种以日本金丽、金密、一品甘红、京欣系列的京欣、新欣、台湾甜王、新欣2号、超甜王、特大京欣等为主，还有国豫2号、瓜满甜、日本金丽、日本金密、星研7号、黄金宝、黑宝等；安阳市汤阴县以小拱棚双膜覆盖、大棚栽培为主，主要品种有庆发、万青巨宝王、江天龙、绿农12、红蜜龙、京欣等品种。

第五节　棚室西瓜育苗关键技术

西瓜喜温喜光，较耐旱不耐寒，在15℃以下正常的生理机能就会被破坏。因此，冬春季节西瓜育苗的关键是要调节好温度，严格选择好温室及土壤环境，才能在寒冷冬季或早春为日光温室冬春茬、早春茬西瓜栽培，以及春提前西瓜栽培提供幼苗。

一、西瓜设施育苗的意义

西瓜设施育苗可缩短对土地的占用时间，提高土地利用率，从而增加单位面积产量；能便于茬口安排和衔接，使集约化栽培成为现实；还可使成熟期提早，增加早期产量，提高经济效益；同时育苗节约用种，由于幼苗成活率高，育苗栽培比直播栽培可节省1/3的用种量；育苗的秧苗整齐度高，可以做到一次齐苗，定植后生长快，缓苗快。近年来规模化的工厂化育苗发展利于蔬菜产业化生产的实现，减轻了瓜农的经济和技术压力，可以节省大量的人力和物力。

二、苗床的选择

我国北方地区根据苗床防寒保温措施不同，将其分为冷床、酿热温床、电热温床、火炕温床等。建造苗床的地址应选择避风向阳、排水良好、近年没有种过瓜类作物、运苗方便的地方建造苗床。苗床的方向，拱形的以南北方向延长为宜，可使床内受光均匀；单斜面苗床，以东西方向延长为宜，斜面向南，提高保温性。

1. 冷床（阳畦）

冷床（阳畦）是最简单的苗床形式，白天利用太阳辐射能提高床温，夜间利用草帘覆盖保温。冷床形式有拱形和单斜面两种。拱形冷床是南方地区最为常见的冷床类型。单斜面冷床，在北方地区最为常见，宽1.2～1.3米，北面筑土墙，高度0.6米，两侧筑向南倾斜的泥墙，床面覆盖玻璃框架，或间隔1米左右架细竹竿1根，覆盖农用薄膜。由于没有其他加温措施，保温措施也较差，床温易随环

境温度的变化而变化。为了充分利用日光，床址要选在高燥向阳、无遮挡物的地块（见图3-7）。

图3-7 冷床

2. 酿热温床

酿热温床是利用酿热物发酵放出的热量提高床温的温床。酿热温床宜南北纵长与棚室的走势相同，为提高光能利用率，亦可采用中间高、两边按一定的弧度倾斜。酿热物由新鲜骡、马、驴粪（60%~70%）和树叶、杂草和粉碎的秸秆（30%~40%）组成。骡、马、驴粪中含细菌多，养料丰富，发热快而温度高，但持续的时间短。树叶等发酵慢，但持续的时间长。将这两种酿热物配合起来使用，可取长补短。酿热温床建在温室大棚内，酿热物厚度多为10~15厘米，若建在露地，酿热物厚度要达到30~40厘米。床坑的深度要按照各地的气候、瓜苗的种类、苗龄的长短和酿热物的不同等灵活确定。一般是气温较低、日历苗龄较长、酿热物发热量较小的，床坑要求挖得深些，以便多填充酿热物，提高床温。反之，则可挖浅些。

（1）酿热温床的建造 以温室内建造酿热温床为例，其具体做法是：先挖50厘米左右深的槽床。在床底层铺上4~5厘米的碎麦秸、稻草或树叶并踏实，用作隔热层。每平方米撒0.4~0.5千克的生石灰，再将配好的酿热物填入，铺放酿热物时，应分2~3次填入，每填一次都要踩平踩实。直到酿热坑的中部厚度达到15~20厘米，四周达到20~30厘米为止。踩时注意酿热物的干湿，如果用脚踩，能看出水迹；或用手握，指缝有水挤出，表示水分适量，如果水多，掺些干马粪类或踩得松些，水少可再洒些温水。然后插入温度计，覆盖塑料薄膜。5~6天后酿热物发酵，温度可达30~60℃，选晴天中午揭开薄膜将床底踩实、整平。由于床底四周低中间高，酿热物的厚度也就不同，这样有利于发热后使温床内土温达到均匀一致（见图3-8温床）。

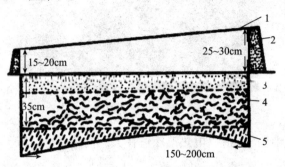

图3-8　温床
引自刘步洲《蔬菜栽培学》，1987》
1-盖窗；2-土框；3-床土；4-酿热物；5-碎草

发酵酿热物在踩实、整平后1~2天之内温度有所回落，这时先在酿热物上盖1厘米的细沙，再撒上一层25%的敌百虫粉，上面铺上15厘米厚预先配制好的营养土。平整床面，使床面比地面低10厘米，就可播种育苗了。

（2）建造酿热温床应注意的问题　垫酿热物的时间，最好在播种前1周左右。若用几种不同的酿热材料或是冷性和热性的有机物，则可以分层搭配填充，以使发热充分和均匀。酿热物一定要新鲜和刚开始发酵的，这样才能产生足够的热量。酿热材料在填充到床坑中时如果加入的水量不够或水分流失，微生物就会停止活动，酿热物就不能继续发热。遇到这种情况，可在床土表面均匀地挖开几处，注入适量的温水到酿热物中，不久便可恢复发热。酿热物只能填至离床坑口17~22厘米处，若垫得太满，易散热，保温效果差。若垫得太低，播种、"摘帽"等苗床操作会不方便。

3. 电热温床

通常是在苗床营养土或营养钵下面铺设电热线，通过电热线散热来提高苗床内的土壤和空气温度，以此来保证育苗成功。冬季采用电热温床育苗，易于控制苗床温度，便于操作管理，育苗效果很好（见图3-9）。

图3-9　电热温床

（1）电热温床的建造　电热温床可在大棚内建平畦苗床。床宽1.2～1.5米，长度根据需要而定。在铺设电热线前，首先应根据电热温床总功率和线长计算出布线的间距。

电热线总功率=单位面积所需功率×加温面积

电热线根数=电热线总功率÷每根电热线功率

布线行数=（电热线长度-苗床宽度×2）÷苗床长度

（2）需要材料　控温仪；农用电热线，有800瓦、1000瓦及1100瓦等规格；交流接触器，设置在控温仪及加热线之间，以保护控温仪，调控大电流；与之配套的电线、开关、插座、插头和保险丝等。

（3）布线　育苗每平方米所需功率一般为100～120瓦。布线行数应为偶数，以使电热线的两个接头位于苗床的一端。由于育苗床基础地温不一致，靠四边的地温较低，中间部位基础地温高，如果均匀铺设电热线，则由于苗床地温不一致，容易造成瓜苗床生长不整齐。因此，不能等距布线，靠近苗床边缘的间距要小，靠近中间的间距要大，但平均间距不变。布线前，先从苗床起出30厘米的土层，放在苗床的北侧，底部铺层15厘米厚的麦糠作为隔热层，摊平踏实。然后在麦糠上铺2厘米厚的细土，就可以开始铺电热线。先在苗床两端按间距要求固定好小木桩，从一端开始，将电热线来回绕木桩，使电热线贴到踏实的床土上，每绕一根木桩时，都要把电热线拉紧拉直，使电热线接头都从床的另一端引出，以便于连接电源。电热线布完后，接上电源，用电表检查线路是否畅通，有没有故障，没有问题时，再在电热线上撒1.0～1.5厘米厚的细土，使线不外露，整平踏实，防止电热线移位，然后再填实营养土或排放营养钵并浇透水，盖好小拱棚，夜间还要加盖草苫，接通电源开始加温。2天后，当地温升到20℃以上时播种。

（4）布电热线时应注意的问题 ①电热线长度与苗床长度要匹配。苗床应根据电热线规格设置长度，使地热线的接头处在大棚的一端，便于并联，否则电热线的接头可能处于苗床中间，不便操作。②布线时要使电热线在床面上均匀分布，线要互相平行，不能有交叉、重叠、打结或靠近，否则通电后易烧坏绝缘层或烧断电热线。电热线的功率是额定的，不能剪断分段使用，或连接使用，否则会因电阻变化而使电热线温度过高而烧断，或发热不足。将两端引线归于同侧。使用根数较多时，必须将每根引线分别进行首尾标明。电热线工作电压为220伏，在单相电源中有多根电热线时，必须并联，不得串联。苗床内进行各项操作时，首先要切断电源。在电热线铺设过程中操作不规范，或使用未检测的旧线，常引起短路故障。

（5）电热温床在苗床管理上应注意的问题 电热线育苗初期要扣小拱棚保温，播种床盖地膜，保水保温，促进早出苗。播种和出苗前控温为28～32℃，子叶出土后，白天不必加温，夜间土温控制在15～18℃，真叶出现后外界温度升高，夜间不必再通电。电热线育苗，浇水量要充足，要小水勤灌，控温不控水，否则会因缺水影响幼苗生长。电热线育苗，若底水浇得过多，管理稍有不慎就可能形成高脚苗，加之早春冷空气活动频繁，极易诱发猝倒病或造成弱苗、僵苗等，要选择一天中棚内温度最低的时间（17～20时、3～5时）加温，并充分利用自然光能增温、保温。

4. 温室育苗

温室又可分为加温温室和日光温室。目前我国北方通常采用日光温室育苗。日光温室不用加温设备，只利用阳光提供热量，造价较低。又可在日光温室中搭设小拱棚，在拱棚内铺设地热线，拱棚外覆盖保温被或草苫子，保温增温效果好，使用起来灵活方便，可大大提早播种时间。

5. 工厂化育苗

在人工控制最佳环境条件下，充分、合理地利用自然资源及社会资源。采

用科学化、标准化技术措施，运用机械化、自动化手段，使瓜菜秧苗生产达到快速、优质、高产、高效、成批又稳定的生产水平。它是现代化育苗技术发展到较高层次的一种育苗方式。其具有环境因子可控，标准化生产，自动化、商品化高等特点。

三、育苗土的配制

1. 育苗营养土的特点

优良育苗土是成功育苗的基础，要保证西瓜苗期对矿物质营养、水分和空气的需求，须具有以下优点：良好的持水性和通透性，这主要是指育苗土的物理特性。育苗土总孔隙度不低于60%，其中大孔隙度20%左右；做到表面干燥时不裂纹，浇水后不板结，保肥保水能力强；不易散坨，育苗土还要适度黏结，在移苗定植时不散坨，散坨会伤害西瓜根系，导致缓苗蔓，宜传染病害，甚至死亡；富含幼苗所需的各种矿物质营养，育苗土矿物质营养含量充足且全面，特别是西瓜所需速效养分含量足，是培育壮苗的关键。如果营养物不足还要在育苗过程中浇营养液；要有适宜的酸碱度，不含除草剂等有害的化学物质；不含有害的病菌和害虫，育苗土如果含有有害病菌，特别是土传病害会使苗期感病，造成西瓜定植之后病害大范围爆发，比成株期染病具有更大的破坏力。选择田土时要避免使用5年内种过瓜类作物的地块，最好选用草炭土、山皮土或大田土。

2. 西瓜育苗营养土的配制

营养土可用多年未种过瓜类作物的大田土或稻田表土、风化河塘泥、人粪干、厩肥，加适量的磷、钾肥堆制，其配比各地可根据当地土质和材料灵活掌握。最常见的营养土配比有：大田土2/3，腐熟厩肥1/3，每立方米营养土中加入尿素0.25千克、过磷酸钙1.0千克、硫酸钾0.5千克，或只加入氮、磷、钾复合肥1.5千克；园土1/2，腐熟厩肥3/10。大粪干1/5，然后每立方米营养土再加入尿素0.3千克，过磷酸钙1.5千克；1/3园土，1/3腐熟马粪，1/3稻壳，然后每立方米营养土再加入尿素0.25千克、过磷酸钙2千克。过磷酸钙、有机肥要捣碎过筛，充分拌匀后使用（见图3-10）。

上述材料充分搅拌均匀，过筛后用50%多菌灵可湿性粉剂800倍液、40%氧化乐果乳油2000倍液混合喷洒消毒（见图3-11）。将床土装入营养钵内，苗床四周起埂，床内摆放营养钵。

图3-10　配制营养土

图3-11　混合杀菌剂

四、育苗营养钵、穴盘的选择

目前我国生产的营养钵、穴盘多由塑料制成。营养钵为圆形体，一般上口径6~10厘米。高8~12厘米。穴盘长方形，有40厘米×30厘米×5厘米、54厘米×27厘米×5厘米、60厘米×30厘米×5厘米、72厘米×210厘米×7厘米等规格，盘底都设有排水孔。棚栽西瓜宜用营养钵或穴盘育苗，应根据秧苗种类和大小选用。选择口径8~10厘米、高10~12厘米以上的营养钵，或54孔、72孔穴盘为宜（见图3-12、图3-13）。

图3-12　育苗穴盘

图3-13　育苗营养钵

五、播前种子处理

1. 种子的选择和购买

根据当地生态条件和市场需求选定品种后，对所购种子进行检查和选种。购买时应检查包装是否完好，是否有种子质量标识（纯度、发芽率、净度、含水量）、制种单位、销售单位等。最好在购买时索要购种单据，以备万一种子出现质量问题时有处理凭证。还应注意种子的贮藏时间，西瓜种子在常温条件下贮藏年限为2~3年，最好选购贮藏时间不超过3年的种子。

2. 种子的消毒

西瓜种子是传播西瓜病害的主要载体之一，多种病害都可通过种子带菌进行危害传播。为了杀死种子携带的病菌、虫卵，应对种子进行消毒。种子消毒可采用药剂消毒，也可采用温汤浸种的方法。

（1）晒种 精选过的种子，在阳光下暴晒，每隔2小时左右翻动一次，使种子受光均匀。在阳光下连续晒2~3天。晒种还可增强种子活力，提高种子的发芽势和发芽率。

（2）温汤浸种 将选好晒过的种子，放入55℃左右的温水中边浸种边搅拌，并持续15分钟。当水温降至25~30℃，使其在室温条件下浸种5~6小时，搓去种子表面的胶状物质，冲洗干净（见图3-14）。

（3）药剂消毒 用0.05%的高锰酸钾溶液浸泡种子10~15分钟，浸泡过程中不断搅动，可杀灭种子表面的病菌。然后将种子捞出，冲洗干净。或用50%多菌灵可湿性粉剂500倍液浸种1小时，然后洗净种子。用40%福尔马林100倍溶液浸泡10分钟，对防治枯萎病、炭疽病有一定的效果。用10%磷酸三钠或2%氢氧化钠浸泡种子15~20分钟，可钝化病毒。药剂消毒必须严格掌握浓度和浸种时间，种子浸入药水前，应先在清水中浸泡3~4小时，浸种后一定要用清水冲洗干净种子表面的药液和胶状物质，以免发生药害。影响发芽。

图3-14 温汤浸种

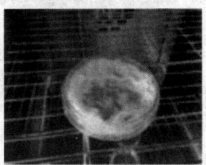

图3-15 温箱催芽

3. 种子催芽

浸种可加快种子的吸水速度，缩短发芽和出苗的时间。浸种时间因水温、种子大小、种皮厚度而定。水温高，种子小，种皮薄，浸种时间就短。一般在常温下浸种6~8小时为宜；采用温汤浸种，则需2~4小时；采用25~30℃的恒温浸种，以2小时为宜。浸种时间过长，水温过高，储藏的营养损失过多，反而影响种子发芽。将浸种冲洗干净用湿布、毛巾、草包包裹，置于28~30℃条件下催芽，1~2天后70%以上的种子胚根长0.3~0.4厘米时即可播种。如果有条件可采用恒温培养箱催芽，这是一种方便、可控性强的催芽方式。催芽时把培养箱设置为28~30℃，接通电源，把湿纱布扑在培养盘上，把种子均匀地撒在湿布上，上面再覆盖湿布，把培养盘放入培养箱，进行催芽（见图3-15）。催芽时要注意温度不可过高，不要高于33℃，湿度也不可过大。

六、播种育苗

1.播种期的确定

播种的适合时间应根据品种、栽培季节、栽培方式以及消费季节等条件来确定，一般在5厘米地温达到15℃以上时才能播种。对无加温设施的苗床，应选择低温天过后再播种，对有加温条件的苗床，可选择低温天播种育苗，低温过后晴天出苗最好。大棚西瓜播种期，东北、西北地区3月上、中旬播种，华北地区2月中、下旬播种，华东地区2月上旬播种。秋茬西瓜一般在7月至8月上、中旬播种。小拱棚西瓜播种期比塑料大棚晚20~30天。采用嫁接栽培时，播种时间在此基础上还要提前8~10天。确定适宜播种期的同时，还要确定所需的种子数量。

2.播种方法

播种选在晴天上午进行，采用点播的方法。播种时在苗床上洒一次温水，待水渗下后，将催好芽的种子播下。每个营养钵或营养土块中央播一粒发芽的种子，种子平放，播完后再覆盖育苗土。播种完毕要及时盖上塑料薄膜，以保温保湿，种子出土后要及时撤膜（见图3-16、图3-17）。播种深度以1.5~2厘米为宜。播种过深，出苗时间延长，严重时发生烂种现象；播种过浅，出苗快，但容易发生带壳出土的现象。

图3-16 覆盖地膜保湿

图3-17 电热温床覆盖小拱棚保温

七、播种后苗床管理

1. 温度

在育苗过程中，控温技术是决定育苗成败的关键技术。在播种后到出苗前这一时期，阳畦、温室、大棚要适当采取措施保温、增温，并使用温度计随时观测苗床温度变化，使温度维持在25～30℃，促进快速发芽。有一半以上幼苗发芽出土时要及时去掉覆盖物，并适当降低温度，白天在22℃左右，夜间在17℃，要防止温度过高导致"高脚苗"出现。从出苗到破心（第一片真叶微露），幼苗仍然容易徒长，应继续通风降温，控制水分，增强光照。第一片真叶展开后，应适当提高苗床温度，白天25～28℃，夜间15～20℃。

2. 湿度

苗床播种前要打足底水，播种后覆盖塑料膜或草苫保持苗床温度，出苗后要及时去掉覆盖物防止湿度过高（冬季用塑料薄膜，夏季用稻草或报纸）。苗床缺水，幼苗生长缓慢，真叶变小，幼苗期延长；湿度过高又会出现沤根现象，所以要求根据实际情况灵活掌握。如果夜间温度较高且湿度较大，那么一夜幼苗就会徒长。如果出现温、湿度矛盾的情况要遵循"控温不控水"的原则，在浇水后适当降低苗床温度。

3. 光照

西瓜是典型的喜光作物，幼苗对光照的反应很敏感。光照不足也容易造成幼苗徒长。增加光照的主要措施是及时去除覆盖物，以及保持薄膜的透光度，苗床薄膜应选用透光率高的薄膜，并注意随时清除上面的污染物和水滴等，保持薄膜表面清洁。值得注意的是在阴雨天气也要揭开覆盖物使幼苗见光。西瓜一般在第二片真叶展开前后就开始进行花芽分化。雌花出现的早晚和比例除由品种的遗传特性决定外，也受苗期环境条件和管理措施的影响。夜温高时雌花出现的节位高、数量少，夜温较低时雌花出现的节位低、数量多。因此，西瓜幼苗期的温光调控对植株后期的生长十分重要。

4. 病虫害防治

西瓜苗期病虫害主要有猝倒病、炭疽病、潜叶蝇、蚜虫等。为防病可随浇水加入75%的800倍液百菌清，如发生猝倒病或立枯病都可用72.2%普力克水剂处理。

八、西瓜壮苗标准

壮苗是指生产潜力较大的高质量秧苗。对秧苗群体而言，壮苗应该是植株健壮、抗逆能力强、活力旺盛、发育平衡、生长整齐、无病虫害。苗期处于生育周期的早期，机体活力旺盛，但是不同秧苗之间有一定的差异，特别是根系活力差别明显，老化苗和徒长苗根系活力低。秧苗个体大小是确定壮苗的重要标准，个体大小是指秧苗的生长量，它不仅与机体活力有关，还与器官间的平衡性密切相关。例如，营养生长与生殖生长之间的关系，营养生长容易观察，但是花芽分化及其发育很难直接观察，可通过秧苗生长状态判断花芽分化及其发育情况。

培育壮苗是育苗的核心，西瓜壮苗的标准为：日历苗龄30～40天，株高12厘米左右，真叶3～4叶，茎粗0.5厘米，子叶大而完整，根系发达、粗壮（见图3-18）。

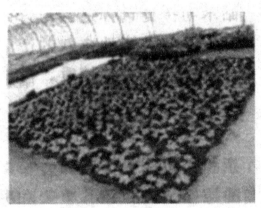

图3-18　西瓜壮苗

第六节　西瓜嫁接育苗技术

一、西瓜嫁接的意义

西瓜生产普遍受到枯萎病等土传病害的危害，严重时往往造成绝产绝收。随着西瓜栽培的集约化，西瓜产区的连续重茬在所难免，嫁接是目前预防西瓜枯萎病危害的有效手段。用砧木嫁接西瓜，除抗枯萎病等病害外，还可以利用其本身的优良特性，提高西瓜的适应性，促进生长发育，减少肥料施用量，促进早熟增产，提高经济效益，对保护地西瓜早熟栽培具有重要意义。

二、西瓜嫁接砧木与接穗的选择

砧木与接穗选择适当与否，直接关系到嫁接栽培的成败和经济效益。一般应选当地主栽的产量高、品质好、嫁接效果好的品种作接穗。砧木的选择要慎重，需重点考虑以下几个因素。

1. 砧木与接穗的亲和力

亲和力包括嫁接亲和力和共生亲和力。选择的砧木应与接穗有较高的嫁接亲和力和共生亲和力。一般砧木与接穗亲缘关系越近，亲和力越强。

西瓜与葫芦科其他种类的亲缘关系依次为瓠瓜、冬瓜、南瓜、甜瓜、黄瓜。共砧即利用野生西瓜、饲用西瓜作砧木，具有亲和性好、对西瓜品质无不良影响等特点。但有时会出现抗病性不彻底，前期生长缓慢的现象。

2. 砧木的抗病性与防病类型及病害程度

不同砧木抗病种类、抗病程度有所不同。瓜类砧木中（南瓜、冬瓜、瓠瓜、丝瓜），以南瓜抗枯萎病能力最强，在南瓜中又以黑籽南瓜表现突出。选择砧木时，首先要考虑病害问题，其次要考虑地块的发病程度，若是重茬重病地块，应选高抗砧木；发病轻的非重茬地块，则可选一般砧木。

3. 砧木对品质的影响

一般认为葫芦砧木对西瓜果实各方面性状影响较小，而南瓜砧木的果实品种较差，商品品质有下降的趋势，而瓠瓜砧、西瓜共砧（以野生抗病西瓜作砧木）不存在以上缺陷。冬瓜砧对品质的影响，尚在研讨中。

4. 接穗情况

砧木应与接穗的抗性互补，如重病地块，种些易感病的、品质优的常规品种，应选高抗砧木，着重控制土传病害的发生；如在少病的非重茬地块种些抗病性较强的接穗品种，选用砧木时，应考虑发挥砧木多方面的优势，如耐低温、耐高温、耐旱、耐盐等。

三、西瓜主要砧木的特点

1. 瓠瓜

果实长圆柱形和短圆柱形，皮色白绿色，根系发达，吸肥能力强。作西瓜嫁接砧木亲和力好，品种间差异小。植株生长健壮，嫁接共生期间很少出现发育不良植株，对果实品质无影响。但耐热耐寒性较差，易引起早衰，有时发生急性凋萎。

2. 南瓜

根系发达，吸收水肥的能力强，抗枯萎病能力强，且耐低温。但是与西瓜亲和力较差，不同品种间差异较大，嫁接期间会不同程度地发生不亲和植株。用南瓜嫁接的西瓜品质会有不同程度的变化。

3. 冬瓜

砧木坐果好，果实整齐，品质好，亲和性和共生性仅次于瓠瓜，品质优于南瓜。但是，其长势和抗病性不如南瓜和瓠瓜。冬瓜砧木抗低温能力较差，不易在北方地区抢早栽培。

4. 西瓜共砧

主要采用野生西瓜做砧木。西瓜砧木与西瓜亲和性好，共生性好，结果稳定，品质好。但是西瓜共砧的抗病性较差，其抗病性能不如其他的砧木种类。

四、常用的西瓜砧木品种

1. 圆葫芦

属大葫芦变种。果实圆形或扁圆形，生长势强，根系深，耐旱性强。适于作高温期西瓜嫁接栽培的砧木。

2. 相生

由日本引进的西瓜专用嫁接砧木，是葫芦的杂交一代。嫁接亲和力强，生长健壮，较耐瘠薄，低温下生长性好，坐果稳定，是适于西瓜早熟栽培的砧木品种。

3. 新土佐

由日本引进，是南瓜中较好的西瓜砧，为印度南瓜与中国南瓜的杂交一代。与西瓜亲和力强，较耐低温，长势强，抗病，早熟，丰产。

4. 超丰F_1

中国农科院郑州果树研究所培育的西瓜嫁接专用砧木，为葫芦杂交种。杂交种优势突出，不仅抗枯萎病、抗重茬，嫁接后地上部生长势强，抗叶部病害，与西瓜亲和力强，共生性好，具有易移栽、耐低温、耐湿、耐热、耐干旱的特点，对西瓜品质无不良影响。

5. 京欣砧1号

北京蔬菜研究中心最新培育的葫芦与瓠瓜的杂交种。嫁接亲和力好，共生亲和力强，高抗西瓜枯萎病，根系发达，下胚轴粗壮，不易徒长，嫁接后地上部生长势强，抗叶部病害，对果实品质影响小。

6. 华砧2号

合肥华夏西瓜甜瓜研究所育成。是小果型西瓜专用嫁接砧木。果实圆梨形，果大，植株长势旺盛，根系发达，幼苗下胚轴短粗，嫁接成活率高，嫁接后对西瓜品质无不良影响。

7. 丰抗王

为葫芦与瓠瓜的杂交种。生长势强，子叶肥大，根系发达，抗旱耐涝，发苗快，嫁接后对西瓜品质无不良影响。

8. 皖砧1号

为葫芦杂交种。根系发达，对土壤适应性和抗逆能力强，嫁接亲和力好，共生亲和力强，下胚轴粗壮，利于嫁接成活。

9. 皖砧2号

为中国南瓜与印度南瓜的杂交种。根系发达，吸收能力与耐低温能力强。生长势旺，易徒长，适于早春栽培应用或作小型西瓜砧木。

10. 勇士

属杂交一代野生西瓜，具有发达的根系和旺盛的生长势。抗逆性全面，幼苗下胚轴不易空心。用它作西瓜砧木，嫁接亲和力好，共生亲和性强，成活率高。与葫芦、瓠瓜、南瓜等砧木相比，对品质的影响小。

11. 青研砧木1号

青岛市农科所研制的杂交种。高抗枯萎病，与西瓜有较好的嫁接亲和性和共生亲和性。该砧木较耐低温，嫁接苗定植后前期生长快，蔓长和叶片数较多，有较好的低温伸长性和低温坐果性，有促进生长、提高产量的效果，对西瓜品质无影响。该砧木是一个优良的西瓜嫁接砧木。

12. 庆发西瓜砧木1号

大庆市庆农西瓜研究所最新选育的优良西瓜砧木。与西瓜嫁接亲和力好，共生亲和力强。嫁接成活率高。植株生长势强，根系发达。嫁接幼苗在低温下生长快，坐果早而稳；高抗枯萎病。耐重茬，叶部病害也明显减轻。该砧木根系发达、生长旺盛、吸肥力强。

13. 砧王

淄博市农业科学研究所蔬菜研究中心选育而成的南瓜杂交种，经过多年推广应用，表现为亲和力强、对枯萎病免疫、早熟、丰产。砧木发芽率95%以上，出苗整齐一致，克服了葫芦发芽率低、出苗不整齐的缺点。其下胚轴粗壮，十分有利于嫁接。耐低温能力明显强于葫芦砧木，前期生长速度快，因此特别适合作西瓜保护地栽培及露地早熟栽培的砧木。

14. 圣砧2号

由美国引进的西瓜专用砧木，葫芦杂交种，高抗枯萎病、炭疽病和根结线虫病，与西瓜亲和力强，共生性好，克服了由其他砧木带来的皮厚、瓜形不正、变味等缺点，对西瓜品质无不良影响。

15. 圣奥力克

由美国引进的西瓜专用砧木，为野生西瓜的杂交种，与西瓜亲和力强，共生性好，抗枯萎病、炭疽病，耐低温弱光，耐瘠薄，对西瓜品质无不良影响。

五、砧木和接穗苗的培育

1. 砧木、接穗用种量的确定

确定砧木、接穗的用种量，应在常规育苗用种量的基础上考虑嫁接苗的成活率，而嫁接苗的成活率与嫁接技术水平、砧穗亲和力及嫁接后的育苗环境管理水平有关。一般嫁接育苗用种量比常规育苗用种量增加20%～30%。

2. 砧木和接穗适期播种

根据当地的气候特点及市场需求确定播期。砧木和接穗的播种期应因嫁接方法和选用砧木品种不同而异。砧木和接穗的播种育苗：砧木应比接穗先播种。瓠子或葫芦作砧木，采用顶插接法时，先播种7～10天，或在砧木顶土出苗时播接穗。如用南瓜作砧木，南瓜比瓠子和葫芦发芽快，苗期生长也较快，接穗的播种期距砧木的播种期应近些。不论用瓠子、葫芦还是南瓜作砧木，均以砧木第一真叶露头、接穗子叶尚未平展时为嫁接的最适时期。

播种应选晴天的上午进行。如天气不好，可将瓜芽在5℃低温条件下存放。

播种时，先将苗畦灌水，砧木苗床以水浸透营养钵内营养土为宜。砧木苗宜采用营养钵培育。用营养钵培育砧木苗，是为了保证砧木苗根系完整，减少移植伤根，有利于快速缓苗。砧木根系发达，一般采用10厘米×10厘米营养钵育苗，每钵1粒种子。砧木种子较大，覆1.5厘米的厚营养土。接穗不用营养钵育苗，而是采用密集撒播法将种子播于苗床。用营养土做畦，畦面要平整；播种前浇透水，播种时种子间距2厘米左右，种子平放，覆盖营养土1厘米左右。之后用地膜分别将西瓜和砧木苗床覆盖严实。寒冷季节苗床应设在大棚或温室内。播种完毕，还可搭拱架盖薄膜，四周封严保温。

3. 砧木苗期的管理

出苗期保持苗床高温，促使及时发芽出苗。苗床温度保持在28～30℃，地温保持在18～22℃，夜温保持在18℃左右。2天后子叶顶土，出苗率达到80%时及时揭去地膜，并适当降温，温度白天保持在25℃，夜间保持在15℃，严防徒长。瓜苗出土后采取白天及时揭掉草苫、附加薄膜等保温措施，苗床光照在12小时左右，如果遭遇连阴天，要用日光灯或普通灯泡对苗床进行人工补充光照，每天补光8小时以上。嫁接前不再浇水，出苗后苗床土不干不浇水，苗床干燥时可少量浇水，使地面保持半干半湿以维持幼苗长势。

六、嫁接方法

我国目前主要采用的嫁接方法有插接法和靠接法。

1. 插接法

与靠接法相比，插接法工序少，不需断根。是西瓜嫁接普遍采用的方法，但对湿度和光照要求较严格，缓苗期长一些，且育苗风险较大。

砧木嫁接的最佳时期是真叶出现到刚展开这一时期，过晚则子叶下胚轴出现空洞影响成活率。西瓜接穗的适宜时期是子叶平展期。因此，采用插接法时接穗比砧木晚播7～10天，一般在砧木出苗后接穗浸种催芽。嫁接前要进行蹲苗处理。嫁接时去掉砧木真叶，用与接穗下胚轴粗细相同、尖端削成楔形的竹签，在砧木上方向下斜插入砧木当中。切成0.5～1厘米的孔，以不划破外表皮、隐约可见竹签为宜。随即用刀片将接穗切成两面平滑的楔形，插入砧木切孔当中，接穗子叶要和砧木子叶呈十字形。在切削接穗和插入接穗过程中，动作要快、稳而准（见图3-19）。嫁接作业环境要遮阴、背风、干净，空气温和湿润，并应临近苗床。每接完一株苗后，立即向营养钵内灌透水，轻轻放到有塑料棚覆盖、棚上遮阴的电热苗床内。一个苗床摆满后，即将苗床棚膜压严，通电升温到适宜温度。为保持棚内湿度，可向苗床内畦面喷水。

2. 靠接法

此方法操作简便，容易管理，成活率相对较高，但接痕明显。靠接法要求砧木和接穗大小相近，由于砧木一般发芽出苗较慢，故接穗应比砧木晚播5～10天。

从苗床起出砧木苗和接穗苗，用刀片除去砧木生长点，从砧木子叶下尽可能靠近生长点处呈45°由上向下斜切，深度达到茎粗的2/5~1/2；接穗在子叶卜1厘米处以同样的角度由下向上斜切（深度达到茎粗的1/2~2/3）。将接穗切口嵌插入砧木茎的切口，使两者切口紧密结合在一起，用嫁接夹固定接口。接穗子叶略高于砧木子叶，并呈十字交叉，一同栽入营养钵中（注意砧木和接穗根部分开一定距离，以便断根，接口与地面保持3厘米，防止土壤中的病毒侵染伤口）。经7～10天伤口愈合成活后，将接穗的根切断（见图3-20）。

图3-19 插接法嫁接成苗

图3-20 靠接法嫁接成苗

3. 大芽大砧嫁接

大芽大砧嫁接是近年来出现的一种新的西瓜嫁接法，嫁接方法同插接，只是在砧木2片真叶1心、接穗2片子叶刚展开时嫁接。这种方法嫁接成活率高，克服了普通插接法由于葫芦幼茎空心，接时易裂开或接后西瓜易在葫芦茎内扎根的缺点。这种方法延长了砧木苗龄，使嫁接适期拉长。操作简便，工效高，嫁接成活率高。

大芽大砧嫁接法，砧木比接穗提早播种15～20天，即砧木具有2片真叶时再播接穗。接穗播后7～10天，当砧木2片真叶1心、接穗2片子叶刚展开时嫁接。

七、嫁接苗的管理

嫁接苗接口愈合的好坏、成活率的高低，以及能否发挥抗病增产的效果，除与砧穗亲和力、嫁接方法和技术熟练程度有关外，与嫁接后的环境条件及管理技术水平也有直接关系。因此，嫁接后应精心管理，创造良好的环境条件，促进接口愈合，提高嫁接苗的成活率。

（1）嫁接后的前3天时间是形成愈合组织的关键时期，这一时期应备有苇席、草帘、遮阳网等覆盖遮光物。若地温低，苗床还应铺设地热线，以提高地温。棚内空气相对湿度要达到98％以上，以棚膜内侧能见到露珠为标准。采取的措施是嫁接后立即向苗钵内浇水，并移入空气湿度接近饱和状态的小拱棚内，并向拱棚内喷雾，然后密闭拱棚，以后每天向棚内喷雾2～3次，以便保持棚内湿度水平。苗床温度白天应控制在25～28℃，夜间控制在20～22℃，白天最高温度不要超过30℃。温度过高或过低，均不利于接口愈合，并影响成活率。嫁接苗前3天要遮住全部阳光，遮光实质上是为了防止高温和保持苗床湿度，但要保持小拱棚内有散射亮光，让苗接受弱光，避免葫芦砧木因光饥饿而黄化，继而引起病害的发生（见图3-21）。

图3-21　嫁接后覆盖薄膜和遮阳网保湿遮光

（2）嫁接后的3～10天这段时间，封闭3天后愈合组织生成，但嫁接苗还比较弱，可在早上和傍晚除去覆盖物，使嫁接苗接受弱光和散射光（半小时左右），以后逐渐增加光照时间，10天后完全撤去覆盖物；同时早晚进行通风换气，控制湿度；白天温度保持在25℃左右，夜间18℃左右为宜。

（3）嫁接10天后嫁接苗基本成活，恢复常规育苗的温度管理。此阶段是培育壮苗的关键时刻，应注意随时检查和去掉砧木上萌生的新芽，以防影响接穗生长，这项工作在嫁接5～7天后进行，除萌时不要切断砧木的子叶。采用靠接法嫁接苗成活后，需对接穗及时断根，使其完全依靠砧木生长。断根时间在嫁接后10～12天。方法是在接口下适当位置用刀片和小剪刀将接穗下胚轴切断和剪断，断根后应适当提高温度，加大湿度，并注意遮光，防止接穗萎蔫。

（4）定植前1周左右进行低温炼苗，逐渐增加通风时间、次数，降低苗床温度，以提高嫁接苗的抗逆性，使其定植后易成活。白天温度保持在20℃左右，夜间温度13℃左右。

第七节　棚室田间管理关键技术

一、棚室准备

整地前15天覆盖好棚膜，覆膜时为防雾滴，油膜面要朝棚内，压膜线应压紧，并用土将四周压紧，防止漏风。定植前7天左右整地施肥，要耙细整平瓜地，然后再翻耕25厘米深。结合春耕翻地施足底肥，春耕前每亩施有机肥2000千克左右、过磷酸钙50千克、硫酸钾30千克，或施入氮、磷、钾三元复合肥60千克。有条件时每亩沟施腐熟饼肥100千克、硼砂0.75千克、锌肥1千克。按长（4.5～20）米×宽3.3米，在宽3.3米的中间处开1条宽0.3米的工作行，一般一个棚内分成2个畦。为防地下害虫可在基肥中混施少量敌百虫晶体。盖好基肥沟，并整成瓜垄，最后覆盖地膜，等待播种或移栽。

二、定植

1. 定植密度的确定

适宜的定植密度对优良品种发挥优质、高产、抗病等潜在优势起着非常大的影响，应根据品种熟性（一般来说早熟品种长势比较弱，中晚熟品种长势中等或长势强）、单株留蔓数、土壤肥力等条件来决定。总的规律是：长势弱的早熟品种、双蔓整枝、土壤肥力差的应该密植；长势中等偏强的中晚熟品种，三蔓、四蔓整枝，土壤肥力高的应适当稀植。一般生产上常用的种植密度为：早熟品种，双蔓整枝，一般肥力地块每亩可栽600～700株；中熟品种，双蔓或三蔓整枝，一

般肥力地块每亩500～600株；晚熟品种，三蔓整枝，每亩400～500株；采取多蔓整枝方法的，每亩可稀植到200～300株。

2. 定植方法

当棚内气温稳定于15℃以上时，可开始定植。由于早春气温不稳定，因此在倒春寒经常出现的地区，也可待外界气温稳定于10℃以上时再开始定植。定植方法：定植前1天按株距划出定植穴的中心位置，用打孔器在定植穴的位置打孔挖定植穴。栽苗时应先将定植穴浇满水。将瓜苗带土坨顺水放入定植穴内，待水渗下后，将定植穴用土封住，切忌按压土坨，造成死苗（见图3-22）。小拱棚西瓜栽培时外界气温尚低，因此栽苗时一定要选晴好天气，栽苗当天要无风，栽苗速度要快，并做到随栽随盖棚。

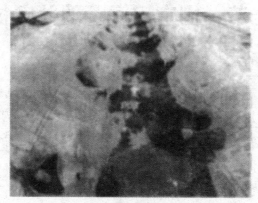

图3-22　坐水移栽

三、田间管理

1. 水分管理

西瓜栽培条件为气候干热、温差大、日照时间长。西瓜是喜水作物，但耐旱不耐涝，土壤过湿则烂根，只有水分均衡才能优质高产。西瓜生长期分四个阶段：苗期、伸蔓期、结瓜期、成熟期，一般生长期为110天左右。需水规律是中期需水较多，前、后期需水较少。对水分最敏感的时期是结瓜期，该期水分的变化对西瓜的产量影响最大。西瓜虽然根系延伸得很深，但主要根系分布在20厘米土层以内，苗期灌水湿润层深10厘米，伸蔓期为20厘米，结瓜期为30厘米。结瓜期土壤含水率保持在70%～80%为宜，苗期为60%～70%，伸蔓期为65%～75%，成熟期为55%～65%。

提倡进行滴水灌溉，合理调控供水量。一般全生育期滴水9～10次，滴水量350～400米³/公顷。出苗水要求灌量足，浸透播种带以确保与底墒相接，滴水量为45米³/公顷。出苗后根据土壤墒情蹲苗，在主蔓长至30～40厘米时滴水1次，滴水量为40米³/公顷。开花至果实膨大期共滴水6次，每隔5～7天滴水1次，每次滴水量为40米³/公顷，其中开花坐果期需水量较大，为45～50米³/公顷，膨大期滴水量保持在50米³/公顷。果实成熟期滴水1次，为保证西瓜的品质、风味要减少灌水量，根据瓜蔓长势保持在35～45米³/公顷，果实采收前7～10天停止滴水。

2. 合理施肥

西瓜不同生育时期对三要素的吸收总量不同，西瓜植株幼苗期的氮、磷、钾吸收总量很少，占全生育期吸收量的0.54%；伸蔓期茎叶迅速增加，氮、磷、钾吸收量占全生育期吸收量的15%左右；坐果及果实生长盛期是西瓜一生中干重增加最大的时期，也是三要素吸收的高峰期，对氮、磷、钾的吸收量占全生育期吸收量的85%。西瓜植株对氮、磷、钾的需求比例以钾最多，氮次之，磷最少。氮、磷、钾的吸收比例为3：1：4。在西瓜植株的不同生育时期对氮、磷、钾需求比例也有所不同。坐果前的伸蔓、开花期，以氮、磷的吸收量较多，坐果期钾的吸收量急增，这与果实中钾的含量较高有关，显示出西瓜作为高钾作物的特点。施肥应注意以下原则。

（1）根据实际情况进行科学施肥　施肥必须根据当地不同季节气候特点和土壤状况施用。施肥还要与灌水结合，以提高肥效。可根据土壤中的含水量和形态，结合植物各生育期对元素的需求量，进行施肥量的计算。

（2）以基肥为主，进行有效追肥　基肥使用量一般可占总施肥量的50%以上。地下水位高和土壤径流严重的地区要减少基肥施用，防止肥效流失。追肥是基肥的有效补充，可叶面追肥，也可与滴灌同时追肥。

（3）有机肥与化学肥料相结合　增施有机肥是为了改良土壤物理性质，使土地资源真正实现可持续利用，同时也可提高蔬菜品质，减少污染。如果忽视了有机肥的施用，单纯施用化肥，会造成土壤中有机质含量降低，土壤结构破坏。但由于有机肥的有效成分较低，肥效比较慢，因此应根据西瓜的不同生育期配合速效化肥的施用，以满足西瓜生长和结果的需要。

（4）根据西瓜的营养特点合理施肥　西瓜一生中除施基肥外，还要进行两

次追肥：第一次是在伸蔓始期需肥量开始增加时，应追施速效肥料，促进西瓜的营养生长，保证西瓜丰产所需的发达根系和足够叶面积的形成，这次追肥以氮肥为主，辅以磷、钾肥；第二次是在果实退毛开始进入膨大期时追施速效肥料，以保证西瓜最大需肥期到来时有足够的营养供应，有利于果实产量的提高和品质的改善，此次施肥以钾肥为主，配施氮、磷肥。

通常可结合滴灌施肥，一般采用西瓜滴灌专用肥，施肥量为每亩4～5千克。苗期每亩随水施西瓜营养生长滴灌肥0.5千克。开花期每亩随水施西瓜营养生长滴灌肥0.5千克，坐瓜后每亩随水施西瓜生殖生长滴灌肥0.3千克，共滴5次，成熟期不再滴施肥料。利用滴灌系统施肥时，可以使用专用的施肥装置，也可自制。施肥一般在灌溉开始后和结束前0.5小时进行，导入肥料的孔在不使用时应封闭。

3. 整枝

整枝是除去多余枝条，减少不必要的养分消耗，挺高光和效率，改善通风和透光条件。增加坐果率和养分向果实的积累（见图3-23）。各种整枝方式通常均保留主蔓，分单蔓、双蔓、三蔓、多蔓等几种整枝方法。

（1）单蔓整枝　每株仅保留一条主蔓。将其余侧蔓全部除去，方法简单，单位面积内株数多、结瓜多，但单株叶片少，果实不易长大，产量和质量均较低。由于植株生长旺盛，又没有侧蔓备用，因此不易坐果。单蔓整枝的植株雌花少，坐果部位选留的余地有限，主要用于小果型品种和早熟品种。

（2）双蔓整枝　指在主蔓基部选留一个生长健壮的侧蔓与主蔓平行生长，其间距离为30～40厘米。一般主蔓留瓜，主蔓不结瓜也可侧蔓坐瓜。坐果前摘除所有的侧枝，因其叶量和雌花数较多，主、侧蔓均能坐果，果型较大，北方棚室早熟栽培时均普遍应用。

（3）三蔓整枝　指在保留主蔓的基础上再选留两条生长健壮、长势基本一致的侧蔓，其他侧蔓坐果前及时摘除。三蔓整枝叶数和叶面积更大，果型大，雌花多，坐果节选留的机会多，是露地栽培中、晚熟品种常用的整枝方法。

（4）多蔓整枝　主蔓5～6片叶时，对主蔓进行打顶，侧蔓形成后选留3条以上健壮子蔓，向四周及两侧延伸，利用侧蔓结果。此法常在生长势强的品种稀植时应用。

整枝时要注意在晴天进行，浇水后不要立即整枝，防止病害发生；整枝强度应适当以轻整枝为原则。整枝强度过大，会造成植株早衰，影响根系的生长，是造成坐果期凋萎的主要原因之一；整枝要及时，整枝过早会抑制根系生长；整枝过晚，会白白消耗了植株的营养，达不到整枝的目的。当主蔓长40～50厘米、侧蔓约15厘米时开始，以后隔3～5天整枝一次；坐果后一般不再整枝，以使有更多的枝叶为果实生长提供营养。当果实开始迅速膨大时，为防止营养生长过旺，可进行摘心；整枝要与种植密度联系起来。

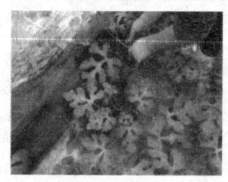
图3-23　整枝

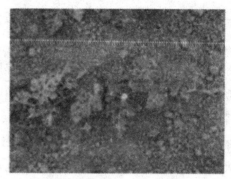
图3-24　压蔓

4. 压蔓

用泥土或枝条将瓜蔓压住或固定称为压蔓（见图3-24）。当蔓长30厘米时，应进行整蔓，使其分布均匀，并在节上用土块压蔓，促使其产生不定根，固定叶蔓，防止相互遮光和被风吹断伤根损叶，以后每隔几节压一次，直至蔓叶长满畦面为止。压蔓的方法分明压、暗压和压阴阳蔓等。

（1）明压法　用泥土或熟料卡夹等将瓜蔓压在畦面上，一般每隔20～30厘米压一次。明压对植株的生长影响较小，因此适用于早熟、生长势较弱的品种。在土质黏重、雨水较多、地下水位高的地区多采用此法。

（2）暗压法　就是连续将一定长度的瓜蔓压入土中。方法是用瓜铲先将压蔓的地面松土拍平，然后挖深8～10厘米、宽3～5厘米的小沟，将蔓理顺、拉直，埋入土中，只露出生长点和叶片，并覆土拍实。暗压对生长势旺、容易徒长的品种效果较好，但较费工，且对压蔓技术要求较高。

（3）压阴阳蔓法　将瓜蔓每隔一段埋入土中一段。用瓜铲开深6～8厘米、宽3～5厘米的小沟，将蔓理顺、拉直，埋入土中，只露出生长点和叶片。每隔30～40厘米压一次。在平原低洼沙地西瓜栽培，压阴阳蔓较好。

注意在坐果节位雌花出现前后2节不宜压蔓，以免损伤幼果，影响坐瓜；不能压住叶片，以免减少同化面积；瓜蔓应分布均匀，以充分利用空间，当蔓叶多时，只要把生长点引向空处，接近畦沟时应回转，不必翻动茎叶，减少茎叶损伤；无论采用哪种压法，都应根据植株的长势来确定。长势强的应重压、勤压，长势弱的应轻压、少压。

5. 人工辅助授粉

西瓜是依靠昆虫作媒介的异花授粉作物，在阴雨天气或昆虫活动较少时，就会影响花粉传播而不易坐果。为了提高坐果率和实现理想节位坐果留瓜，应进行人工辅助授粉。

授粉时应当选择主蔓和侧蔓上发育良好的雌花，其花蕾柄粗、子房肥大、外形正常、颜色嫩绿而有光泽的花，授粉后容易坐果并长成优质大瓜，而侧蔓上的雌花可作留瓜的后备。西瓜的花在清晨5～6时开始松动，8～10时生理活动最旺盛，是最佳授粉时间。阴天授粉时间因开花晚而推迟到9～11时。授粉时选用当天开放且正散粉的新鲜雄花，将花瓣向花柄方向用手捏住，然后将雄花的雄蕊对准雌花的柱头，轻轻蘸几下即可（见图3-25）。一朵雄花可授2～3朵雌花。

6. 果实管理

为获得果型周正、色泽鲜艳的优质商品瓜，必须在选果定瓜以后加强对幼瓜的精细管理。护理措施有护瓜、垫瓜、翻瓜、盖瓜等。

图3-25　人工辅助授粉

（1）护瓜　从雌花开放到坐果前后，子房和幼瓜表皮组织十分娇嫩，易受风吹、虫咬及机械损害，此时应用纸袋、塑料袋等将幼瓜遮盖起来，称护瓜。

（2）放松坐果节位瓜蔓　幼果长到拳头大小，要将幼果后瓜蔓上的土块去掉或将压入土中的瓜蔓提出，使瓜蔓放松，以促进果实膨大。

（3）翻瓜　为了使果实色泽均匀，含糖量均匀，有较好的商品性，一般在采收前10～15天进行翻瓜。翻瓜应在下午太阳偏西时进行，因早晨瓜秧含水多，质脆，果柄和茎蔓容易折断。若遇阴雨天还应增加翻瓜的次数，翻瓜时要顺着一个方向翻转。每一次转动的角度不宜过大，一般不要超过30°，切勿用力过猛。

（4）垫瓜　西瓜果实接触地面部位容易感染病害，并易被黄守瓜幼虫等为害，因此应在果实下面垫上草圈等隔水物。以防地面过湿而发生烂瓜现象。

（5）盖瓜　为防高温日晒而引起瓜皮发老、果内变质要进行盖瓜，方法是利用各种遮阴物对接近成熟的果实进行适当遮盖。

四、采收

1. 判断西瓜的成熟度

（1）根据所用品种的特性进行判断　早熟品种雌花开放至成熟需28～30天，中熟品种雌花开放至成熟需31～40天，而晚熟品种雌花开放至成熟需40天以上。

（2）根据果实的性状进行判断　果面花纹清晰，表面色泽由暗变亮，不同品种果实成熟时显示该品种固有的色泽。以手触摸手感光滑，果脐向内凹陷，果蒂处略有收缩，是西瓜成熟的标志。

（3）根据果柄及卷须形态进行判断　果柄上茸毛稀疏或脱落，坐果节位的卷须枯焦1/2以上的为果实成熟的标志。

（4）根据果皮弹性进行判断　成熟瓜用手指压脐部会感到有弹力。以手拍打果实，发出浊音的为熟瓜，发出清脆音的则为生瓜，发出沙哑声音的为过熟空心瓜。

2. 西瓜采收时的注意事项

要根据品种特性和市场情况进行采收。对采收成熟度要求不严的品种，可适当提早采收上市，提高经济效益。对采收成熟度要求严格的品种，提前采收会严重影响果实的品质，必须采摘充分成熟的果实，发挥其品种在品质方面的优势。在当地市场销售的商品瓜应九成熟时采收，以保证品质与风味，外地运销的商品瓜则应根据路程远近和运输的设备而定。运程在5～7天的可采摘7～8成熟的瓜，运程在3～5天内的可采摘8～9成熟的瓜。采收西瓜应选择晴天上午进行，避免在烈日下进行。因为在晴热的天气下果面温度很高，清早采收果面温度低，有利于

贮藏运输。雨后不宜采收，因果面沾上泥浆后，在贮运过程中容易发生炭疽病，影响贮运销售。采收时要保留一段瓜柄，以防止病菌侵入，并可便于消费者根据瓜柄新鲜程度判断西瓜采收时间。需贮藏的西瓜，采收时应保留坐瓜节位前后各一节的果实。

五、提高产量和品质

1. 促进雌花分化

较低的温度有利于西瓜花芽分化，增加雌花的比例。由于不同播种时期苗期所处的温度不同，播种时期对雌花着生节位的影响实际上是温度高低的效应。日照长短影响西瓜的花芽分化，短日照有利于雌花的形成，主要表现为雌花节位降低，雌花数增加。土壤湿度和空气含水量明显影响西瓜的花芽分化，较高的空气湿度有利于雌花的形成，可降低雌花着生节位，增加雌花数，提高雌雄花比例。适宜的土壤水分状况，有利西瓜花芽分化和雌花形成，土壤水分不足能使雄花分化和形成，雄花数量增多，而降低雌花质量；若水分过多则易引起秧苗徒长，花芽分化延迟，尤其是推迟雄花的形成，并易引起落花落果。西瓜营养充足时有利于雌花的分化，营养不足时雌花分化受到抑制。赤霉素等植物生长调节剂对瓜类作物的生理代谢及体内激素水平影响较大，可影响雌雄花性别和雌雄比例，因此可用于控制西瓜的性别。赤霉素有促进雄花发生和抑制雌花发生的作用。

2. 促进果实发育

果实发育受到以下因素的影响，栽培中应采取合理的方法促进果实发育。

（1）授粉状况　授粉受精充分、种子数量较多的果实，一般发育较好；若授粉不匀或偏斜授粉，则容易形成畸形果实。

（2）雌花的质量　西瓜雌花的质量和子房的大小，直接影响果实的发育和西瓜的产量。充实肥大的雌花，若后期管理得当往往发育成大果；而子房瘦小或发育不充实的雌花所结的果一般较小；畸形花不但坐果率低，而且易发育成畸形果。

（3）源库关系　一般来讲长势旺盛的植株同化能力强，制造的营养物质多，西瓜产量高。但是长势过旺、坐果率降低，即使坐住果其果实的重量也较轻，营养生长占用了过多的营养物质，生殖生长养分不足。应保持适宜的叶、果比例，使秧果协调生长。应根据品种属性和果型大小确定留蔓数，及时整枝打权和摘心，减少营养损耗，人为调节营养流向，防止疯秧、坠秧，使营养物质集中供给果实发育需要。

（4）功能叶的数量　每片叶从出现到长大再到衰老有以下规律：幼叶同化能力弱，主要消耗营养物质供自身长大，不能输出营养。随着叶片长大，合成的营养物质增加，净同化率增加（输出能力增强），25天左右叶面积不再增大，30天左右净同化率达到最高，这时叶片输出的营养物最多，贡献最大，为壮龄叶。35天以后净同化率开始下降。肥水管理良好，无病害，可延迟叶片衰老。45天以后的叶片为衰老叶，可及时摘除。因此，西瓜生长中应选择第2～3雌花留果。为确保果实能正常发育，每个果实应保持40枚左右的功能叶，功能叶多，果实发育往往充实且肉质、甜度和色泽均佳；功能叶不足，则难于发挥品种的固有特性，一般果型较小。

3. 提高坐果率

西瓜理想的坐瓜节位，应根据栽培季节、栽培方式、不同品种及发育等综合权衡而定。一般留第2、第3朵雌花结瓜。早熟品种可预留第1～3朵雌花，瓜坐住后，按"二、一、三"的顺序择优留一个瓜。中晚熟品种可预留第2～4朵雌花，瓜坐住后按"三、二、四"的顺序选留一个瓜。如果主蔓上的瓜没坐住，在侧蔓上也应按这个顺序留瓜，每株留1个瓜为宜。

为控制植株营养生长过旺以免影响坐瓜，保证丰产稳产，生产上为提高坐果率常采用以下措施。

（1）选择易坐果的品种　这类品种的植株长势中等或偏弱，坐果性强，对环境温度、光照和肥水条件反应不很敏感，有利于提高坐果率。

（2）合理施肥　控制氮肥使用，合理使用磷、钾肥，防止植株徒长。

（3）整枝压蔓　调控植株生长，促进坐果。

（4）进行人工授粉　人工辅助授粉可有效地提高西瓜的坐果率。

（5）使用坐瓜灵　保护地栽培或遇异常气候条件或肥水管理不当，造成植株生长过旺影响坐瓜时，可选用坐瓜灵处理。

4. 提高西瓜糖分的措施

（1）选用优良品种　由于各种糖甜度指数不同，故不同糖分的不同比例组合也会导致西瓜甜度不同。因此，在选择品种时，除注意选择总糖含量较高的品种外，还应注意选择果糖、蔗糖所占比例较大的品种。

（2）昼夜温差大的地区或沙土地种瓜　在昼夜温差大的条件下，白天温度

高，制造的光合产物积累多。所以，在我国东北地区或沙土地、山地这些昼夜温差大的地区种植的西瓜质优味甜。

（3）科学安排播期　合理安排西瓜的播种期，使西瓜的果实膨大期处于昼夜温差大的季节。例如东北地区，可以把果实膨大期安排在6～7月。

（4）采用保护设施　可采用各种形式的薄膜覆盖，使西瓜提早种植，避开雨季，防止采收时雨水过多而降低西瓜含糖量。

（5）合理施肥　浇水要重施底肥，注重有机肥使用。追肥时避免单独使用氮肥，增施磷、钾肥，采收前控制浇水。

（6）延缓植株衰老　在栽培管理上加强植株管理，始终保持植株正常的生长势，尤其应加强中后期的管理，延缓植株衰老，保护好功能叶片，以保证果实生长发育所需的养分供应。

（7）适时采收　成熟适度的果实含糖量高、品质好，欠熟、过熟的果实含糖量低、品质差。应根据市场远近来确定西瓜采收的适宜成熟度，确保西瓜的优良品质。

5. 留2个瓜的方法

西瓜留2个瓜有两种方法：一种是同时留瓜法，即在同一单株生长健壮、长势相当的两条蔓上同时选留2个瓜。这种方法适合株距较大、品种结瓜能力强、长势旺、三蔓或多蔓整枝、肥水供应充足的栽培方式。另一种为错时留瓜法，即在一株西瓜上分两次选留2个瓜。本法适用于株距较小、密度较大、双蔓式整枝、肥水条件中等的情况。其技术要点是：整枝时保留主蔓，在主蔓上选留1个瓜，当主蔓的瓜成熟前10～15天再在健壮的侧蔓上选留1个瓜。

6. 西瓜不坐果的原因

①肥水管理不当。坐果期水分供应不足，或是土壤含水量过大易造成落花或化瓜。氮肥施用量过大。磷、钾肥不足时，很容易使植株徒长，降低坐瓜率。

②植株生长衰弱。由于营养供应不足或是病害导致植株生长瘦弱，不能为西瓜生殖生长提供充足的养分，降低了坐瓜率。

③植株生长过旺（徒长）。营养生长过旺，果实竞争不过枝叶，导致化瓜。

④开花期遇低温。西瓜开花期间，如果气温较低，导致花芽分化受到抑制，也会降低坐瓜率。

⑤开花期遇阴雨天。西瓜开花期遇阴雨天，影响了西瓜正常授粉，这时必须进行人工辅助授粉。

⑥风害和日灼。西瓜经大风侵袭后，外部环境突然变化，植株生长往往受到抑制，拱棚西瓜容易被病菌侵染，发生炭疽病、霜霉病、病毒病、细菌性角斑病、细菌性果腐病等病害。西瓜日灼病是强光直接长时间照射果实所致。主要发生在夏季露地西瓜生长中后期的果实上，果实被强光照射后，出现白色圆形或椭圆至不规则形大小不等的白斑。

第八节　小西瓜栽培技术

一、小西瓜的生育特点

小型西瓜又称小西瓜、迷你西瓜，是普通食用西瓜中瓜形较小的一类，一般单瓜重在1～2千克，具有外形美观、早熟皮薄、瓤质细嫩、汁多味甜、携带方便等优点，深受消费者青睐。近年来，随着我国人们生活水平的不断提高和消费习惯的改变、设施栽培生产和旅游业的兴起，小型西瓜已成为各地发展高效农业的重要项目之一。与普通西瓜相比，小西瓜在生长发育上有以下特点。

1. 幼苗弱，前期长势较差，后期易徒长

小型西瓜种子小，种子贮藏的养分较少，子叶小，下胚轴细，长势较弱，出土力弱，对早播或定植较早、低温、寡照等不利环境因素敏感，进而导致雌花、雄花发育不完全，从而难于进行正常的授粉受精，影响植株坐果和果实发育。

2. 瓜形小，果实发育周期短

小型西瓜的果形小，果实生育周期较短，一般在25～30℃的适宜温度下，小型西瓜从授粉到成熟只需20天左右，较普通西瓜早熟1周左右。小型西瓜在早熟栽培条件下，所需天数因环境内的温度状况不同而不同，日光温室栽培小型西瓜，头茬瓜在4月下旬以前成熟采收的，其结果期需30～35天；5月上、中旬成熟的，需25～30天；在6月上旬成熟的，只需20～23天。从果实发育的积温情况来看，圆果形品种为600℃，长果形品种为700～750℃。

3. 对肥料反应敏感

小型西瓜营养生长状况与施肥量多少关系密切，对氮肥的反应尤为敏感，氮肥用量过多易引起植株营养生长过旺而影响坐果。因此，在施肥时，基肥的用量应较普通西瓜减少30%，而采用嫁接育苗时，可减少50%左右。由于瓜形小，养分输入的容量小，故常采用多蔓多瓜栽培，而对果实个头大小影响不大。

4. 结果周期不明显

小型西瓜的结果周期性不像普通西瓜那样明显。小型西瓜因自身生长特性和不良栽培条件的双重影响，前期生长差，如过早坐果，因受同化面积即光合叶面积的限制，瓜个很小，而且易坠秧，严重影响植株的营养生长。随着生育期的推进和气温条件的改善，植株长势得到恢复，如不能及时坐果，较易引起徒长。所以在栽培上，生长前期一方面要避免营养生长过弱，另一方面应促进生殖生长，使之适时坐果，防止徒长。植株正常坐果后，因果实小，果实发育周期短，对植株自身营养生长影响不大。因此，可多蔓多瓜、多茬次栽培。

二、小西瓜栽培技术要点

小型西瓜栽培应根据其生长发育特点，采取相应的栽培技术措施，才能实现优质、高产、高效益。

1. 精选优良品种

小型西瓜与大型西瓜相比，品种类型较丰富。常见的栽培品种主要有黄皮红肉型、黄皮黄肉型、绿皮黄肉型、绿皮红肉型、黑皮黄肉型、黑皮红肉型、花皮黄肉型、花皮红肉型等类型。早熟栽培上，应选择红小玉、黄小玉H、秀丽、佳人等圆果形品种。地处大城市郊区，可选择品质极佳的特小凤、早春红玉、金福、小兰等品种。需远距离运输的，应选择黑美人、黑小宝、小天使、花仙子等耐贮运的品种。

2. 错季栽培

小型西瓜栽培应根据棚室条件、气候环境和当地种植、销售习惯进行提早或延迟栽培，以避开西瓜集中上市的高峰，或者分批种植、分批供应市场。除利用大棚温室进行特早熟栽培外，还可安排夏秋西瓜栽培，效益也较好。夏西瓜栽培安排在8月1日后上市最好；秋西瓜要安排在中秋、国庆佳节前上市为佳。

3. 栽培方式

小果型西瓜常见有4种栽培方式。

（1）地膜覆盖栽培　常用的薄膜类型主要有白色地膜、黑色地膜、银灰色地膜、银黑双色地膜4种类型。

（2）早春地膜加小（中）拱棚双膜覆盖提早栽培　根据其拱棚大小和覆盖时间长短，又可分为小拱棚半覆盖栽培和中拱棚全覆盖栽培。

（3）立体栽培　是小西瓜生产中相对于常规爬地栽培的另一种常见栽培方式。

（4）再生栽培　小型西瓜再生栽培主要有两种方式：一种是二次授粉留果栽培；另一种是割蔓再生栽培。

4. 苗期管理

小型西瓜的育苗方法与普通西瓜的育苗方法基本相似，但小型西瓜种子出苗慢，前期生长弱，抗逆性较差。由于小型西瓜开花初期雄花的花粉少，为了促进坐瓜，最好种植一小部分普通的早熟西瓜（雄花一定要早）作为授粉品种。

5. 定植

小型西瓜种植密度因栽培方式和整枝方法不同而异。地爬栽培时，采用双蔓整枝，一般每亩种植800~1000株；采用三蔓整枝，每亩种植600株左右；采用四蔓整枝时，每亩种植450株左右；采用吊蔓栽培，每亩可种植2000株以上。但近年来随着栽培技术的不断完善，有减少单株、增加蔓数的趋势，这样更符合小型西瓜的生长和结瓜特性，同时也节省种子。

6. 整枝、疏果和压蔓

小型西瓜分枝力强，雌花出现早，结果力强，果实发育对植株的营养生长影响不大，结果周期不明显，整枝方式可采用主蔓摘心的方式。幼苗5片真叶时摘心，双蔓整枝时，选留两条健壮整齐的子蔓，其余全部去除。坐瓜后，在坐瓜节位以上留10~15片叶去顶。采用立架栽培双蔓整枝时，藤蔓满架时才打两子蔓的顶。爬地栽培时必须对子蔓进行盘蔓，盘蔓间的距离保持在15~20厘米为宜。一般地爬式栽培多采用多蔓整枝，当幼苗长到6叶期主蔓摘心，选留2~5个长势一致的子蔓同步留瓜（第2~3雌花），其余子蔓摘除。幼瓜脱毛后每条子蔓选留1~2个健壮的瓜留下，其余摘除。第一批瓜基本定个后，再选留二次瓜。小型西瓜压蔓宜采用明压。大棚、中棚栽培时，一般不会受到风害，压蔓的主要目的是使瓜蔓在田间分布均匀。

7. 肥水管理

小型西瓜瓜皮很薄，浇水不当容易造成裂瓜。水分管理时切忌过分干旱后突然浇大水，引起土壤水分的急剧变化而加重裂瓜，应保持土壤水分持续而稳定的供应。小型西瓜种植密度大，多次结果，多茬采收，要求肥力持久而充足，除适当减少氮素化肥外，应施足基肥和磷、钾肥。头茬瓜采收前原则上不施肥、不浇水。若表现水分不足，应于膨瓜前适当补充水分。在头茬瓜大部分采收后，第二茬瓜开始膨大时应进行追肥，以钾、氮肥为主，同时补充部分磷肥，每亩施三元复合肥50千克，于根的外围开沟撒施，施后覆土浇水。第二茬瓜大部分采收，第三茬瓜开始膨大时，按前次用量和施肥方法追肥，并适当增加浇水次数。

8. 精心包装，提高经济效益

为避免生瓜上市，授粉时应做好标记。为了提高果品品质，瓜定个后应翻瓜，使瓜面着色均匀，外形美观。为了获取高的销售效益，采后及时贴上标签、

套上网袋、分级包装售。适时采收品质佳的西瓜，且可减轻植株负担，有利于其后西瓜的生长和结果。

第九节　西瓜秋延迟栽培技术

秋延迟栽培是指7～8月份播种、10月份收获上市的西瓜。适当发展西瓜延迟栽培，可丰富节日供应，而且通过储藏，还可以延至春节上市，经济效益十分可观。

一、合理施肥浇水

秋延迟栽培的西瓜，生长前期正值高温多雨季节，营养生长旺盛，植株极易徒长。因此，在肥水运用上要特别慎重。苗肥一般不施肥，伸蔓肥也要少施肥或不施肥，膨瓜肥适当多施肥；一般可结合浇水，亩施尿素7.5～10千克、硫酸钾5千克，以保持植株稳定生长。后期为防早衰，可用0.2%尿素或0.2%～0.3%磷酸二氢钾溶液作根外追肥。秋延迟栽培的西瓜，无论前期还是后期，都要严格控制浇水，雨季还要注意排水防涝。

二、整枝打杈

秋延迟栽培的西瓜，宜采用双蔓整枝，即除主蔓外，在主蔓基部3～5节处再选留一条健壮侧蔓，去掉其余侧蔓，并把主蔓和留下的侧蔓引向同一方向。主蔓上的幼瓜坐稳后，保留10～15片叶，即可将主蔓生长点摘除，以控制营养生长，促进果实膨大和发育。

三、人工辅助授粉

秋延迟栽培的西瓜雌花发育晚，节位高，间隔大，而且花期阴雨天气多，必须进行人工辅助授粉，以促进坐果。

四、覆盖小拱棚保温

秋延迟栽培西瓜，进入结果期后环境气温逐渐下降，不利于果实膨大和糖分积累，必须进行覆盖保护。覆盖形式多采用小拱棚覆盖，拱棚高40～50厘米，宽1米左右。覆盖前，先进行曲蔓，将瓜秧向后盘绕，使其伸蔓长度不超过1米，然后在植株前后将两侧插好拱条，上面覆盖薄膜，四周用土压严。覆盖前期晴天上午外界气温达到25℃以上时，将拱棚背风一侧揭开通风，下午4时左右再盖好；覆盖后期只在晴天中午进行小通风，直至昼夜不再通风。以保持较高的温度，促进果实成熟。

第四章 西瓜病虫害诊断与防治技术

第一节 西瓜侵染性病害诊断与防治

一、猝倒病

【病原】 瓜果腐霉菌，属鞭毛菌亚门真菌。

【症状】 猝倒病主要在西瓜苗期发病。幼苗感病后茎基部呈水浸状，随病情发展感病部位迅速绕茎扩展，缢缩，后变成黄褐色干枯呈线状。

【发生规律】 病菌以卵孢子在土壤表土层中越冬，条件适宜时萌发产生孢子囊，释放游动孢子或直接长出芽管侵染幼苗。借助雨水、灌溉水传播。病菌生长适温为15~16℃，适宜发病地温10℃，温度高于30℃时受到抑制。苗期遇低温高湿、光照不足环境易于发病。猝倒病多在幼苗长出1~2片真叶期发生，3片真叶后发病较少。

【防治方法】

（1）农业措施。育苗床应地势较高、排水良好，施用的有机肥应充分腐熟。选择晴天浇水，不宜大水漫灌。加强苗期温度、湿度管理，及时放风降湿，防止出现10℃以下低温高湿环境。

（2）床土处理。每平方米床土用50%福美双可湿性粉剂、25%甲霜灵可湿性粉剂、40%五氯硝基苯粉剂或50%多菌灵可湿性粉剂8~10g，拌入10~15kg细土中配成药土，播种前撒施于苗床营养土中。出苗前应保持床土湿润，以防药害。发现病株时应及时拔除。

（3）药剂防治。发病初期用以下药剂防治：72.2%普力克（霜霉威盐酸盐）水剂800~1000倍液、15%噁霉灵水剂1000倍液、84.51%霜霉威·乙磷酸盐可溶性水剂800~1000倍液、687.5g/L氟吡菌胺·霜霉威悬浮剂800~1200倍液、

69%烯酰吗啉可湿性粉剂600倍液、64%噁霜·锰锌可湿性粉剂500倍液等，兑水喷淋苗床，视病情每7~10天防治1次。

二、白粉病

【病原】 瓜类单丝壳白粉菌，属子囊菌亚门真菌。

【症状】 整个生育期内均可发病，主要为害叶片，叶柄、茎蔓也可受害。发病初期叶片正面或背面产生近圆形白色粉状斑，逐渐扩大成边缘不明显的连片粉斑。后期病斑上产生黄褐色小点，后变为黑褐色。

【发生规律】 病菌以菌丝体或菌囊壳随寄主植物或病残体越冬，第二年春产生子囊孢子或分生孢子侵染植株。当田间温度16~24℃、湿度90%~95%时，白粉病容易发生流行。高温干旱条件下，病情受到抑制。由于白粉病发生的温度范围较宽，因此已发病连作地块一般均可染病。

【防治方法】

1）农业措施。适当增施生物菌肥和磷、钾肥，避免过量施用氮肥。加强田间管理，及时通风换气，降低湿度。收获后及时清除病残体，并进行土壤消毒。

2）药剂防治。发病初期用以下药剂防治：30%氟硅唑可湿性粉剂2500~3000倍液、25%嘧菌酯悬浮剂1500倍液、10%苯醚甲环唑水分散粒剂2500~3000倍液、62.25%腈菌唑·代森锰锌可湿性粉剂600倍液、12%腈菌唑乳油2000—3000倍液、32.5%苯醚甲环唑·嘧菌酯悬浮剂3000倍液、10%苯醚菌酯悬浮剂1000~2000倍液、70%甲基硫菌灵可湿性粉剂600~800倍液、300g/L醚菌·啶酰菌悬浮剂2000~3000倍液、75%肟唑·戊唑醇水分散粒剂2500~3000倍液等。兑水喷雾，视病情每5~7天防治1次。

【禁忌】西瓜白粉病防治不宜选用三唑酮类杀菌剂，否则易产生药害，导致西瓜节间变短，叶片簇生畸形。

三、叶枯病

【病原】 瓜交链孢菌，属半知菌亚门真菌。

【症状】 主要为害叶片。发病初期从叶缘或叶脉间出现水浸状褐色斑点，周围有黄绿色晕圈，后发展成为圆形或近圆形褐斑，遍布叶面，逐渐扩大融合为大斑，病部厚度变薄，中心略凹陷，叶片大面积干枯呈深褐色，形成枯叶。茎蔓染病。表面产生梭形或椭圆形稍凹陷的褐斑。果实染病，果面产生褐色凹陷斑，可深入果肉，引起果实腐烂。

【发生规律】　病菌主要随病残体越冬或种子带菌。由气孔侵入，借气流、雨水传播，可发生多次重复再侵染。病菌在14～32℃、相对湿度高于80%时均可发病，发病适温为28～32℃，属高温高湿型病害。棚室湿度较大或多雨季节发病重，严重者在西瓜膨瓜期致大片叶片枯死，相对湿度低于70%的环境较难发病。施用未腐熟有机肥，种植密度过大，偏施氮肥，田间积水等易发病流行。连续晴天，日照时间长，对该病有抑制作用。

【防治方法】

1）农业措施。尽量实行轮作换茬。氮、磷、钾平衡施肥。及时通风降湿或排除田间积水。

2）药剂防治。发病初期用下列药剂进行防治：80%代森锰锌可湿性粉剂800倍液、50%异菌脲悬浮剂1000～1500倍液、50%腐霉利可湿性粉剂1000~1500倍液、30%嘧菌酯悬浮剂2500~3000倍液、70%甲基硫菌灵可湿性粉剂500倍液、20%嘧菌胺酯水分散粒剂1000~2000倍液、10%苯醚甲环唑水分散粒剂1500倍液、50%福美双·异菌脲可湿性粉剂800~1000倍液、560g／L嘧菌·百菌清悬浮剂800~1000倍液，兑水喷雾，视病情每5~7天防治1次。

四、叶斑病

【病原】　瓜类明针尾孢霉菌，属半知菌亚门真菌。

【症状】　又称斑点病，多发生在西瓜生长发育中后期，主要为害叶片。初期在叶面出现暗绿色近圆形或不规则形病斑，病斑较小。略呈水渍状，逐渐发展成为黄褐色至灰白色坏死斑。病斑中间有一白色中心，周围可见黄色晕圈，潮湿时病斑产生灰褐色霉状物。当病情较重时，病斑遍布整个叶面，致使叶片坏死干枯。

【发生规律】　病菌以菌丝体随病残组织越冬或种子带菌。第二年条件适宜时产生分生孢子，借气流、雨水或农事操作传播。由气孔或直接穿透表皮侵入，经7~10天发病后产生新的分生孢子进行多次重复侵染。属高温高湿型病害，多阴雨、气温较高、棚室通风不良时病害加重。

【防治方法】

1）农业措施。提倡高垄覆膜，膜下暗灌栽培模式。棚室适时通风降湿、降温，避免田间积水。拉秧后及时清除病残体。

2）药剂防治。发病初期用下列药剂进行防治：50%异菌脲悬浮剂1000~1500倍液、80%代森锰锌可湿性粉剂800倍液、30%嘧菌酯悬浮剂2500~3000倍液、70%甲基硫菌灵可湿性粉剂500倍液、20%嘧菌胺酯水分散粒剂1000~2000倍液、10%苯醚甲环唑水分散粒剂1500倍液、50%福美双·异菌脲可湿性粉剂800~1000倍液、560g／L嘧菌·百菌清悬浮剂800~1000倍液、20%苯醚·咪鲜胺微乳剂2500~3000倍液、50%乙烯菌核利可湿性粉剂800倍液+75%百菌清可湿性粉剂600倍液等，兑水喷雾，视病情每5~7天防治1次。

五、细菌性叶斑病

【病原】　丁香假单孢菌黄瓜致病变种，属细菌。

【症状】　又称细菌性角斑病，全生育期均可发生，主要为害叶片，果实和茎蔓也可受害。苗期染病，子叶或真叶产生黄褐色至黑褐色圆形或多角形病斑，严重时叶片或植株坏死干枯。成株发病，发病初期，叶片正面长出水浸状半透明小点，后扩大为浅黄色斑，边缘具有黄色晕环，叶背面呈现浅绿色水渍状斑，逐渐变成褐色病斑或呈灰白色破裂穿孔，受叶面限制呈多角形，湿度大时叶背面溢出白色菌脓。茎蔓染病，呈油渍状暗绿色，后龟裂，溢出白色菌脓。果实染病，果面长出油渍状黄绿色斑点，渐变成红褐色至暗褐色近圆形坏死斑，边缘黄绿色，随病情发展，病部凹陷、龟裂、呈灰褐色。空气潮湿时表面可见乳白色菌脓。

【发生规律】　病原细菌可在种子内或随病残体在土壤中越冬。从植株气孔、水孔、皮孔或伤口等侵入，借助棚膜滴水、叶片吐水、雨水、气流、昆虫或农事操作等进行传播。适宜发病温度为24~28℃，最高39℃，最低4℃，48~50℃条件下经10min病菌致死。病菌扩散、传播和侵入均需90%~100%的相对湿度或水膜存在等条件。生育期间多雨、重茬或过密种植均可加重病情。

【防治方法】

1）农业措施。提倡高垄覆膜、膜下暗灌栽培模式。棚室适时通风降湿，及时整枝吊蔓，及时摘除病叶或拔除病残体，病穴撒石灰消毒。

【注意】棚室西瓜整枝、吊蔓等农事操作应尽量选择晴天或下午进行。阴天、上午露水较多，湿度较大时会加重病害发生。

2）药剂防治。细菌性叶斑病防治应以预防为主，发病初期用以下药剂防治：86.2%氧化亚铜水分散粒剂1000~1500倍液、46.1%氢氧化铜水分散粒剂1500倍液、27.13%碱式硫酸铜悬浮剂800倍液、47%加瑞农（春雷·王铜WP）可湿性粉剂800倍液、50%琥胶肥酸铜可湿性粉剂500倍液、88%水合霉素可溶性粉剂1500~2000倍液、3%中生菌素可湿性粉剂1000~1200倍液、20%噻菌铜悬浮剂1000~1500倍液、20%叶枯唑可湿性粉剂600~800倍液、33%喹啉酮悬浮剂800~1000倍液、14%络氨铜水剂300倍液、60%琥铜·乙膦铝可湿性粉剂500倍液、47%春雷·氧氯化铜可湿性粉剂700倍液、72%农用链霉素可湿性粉剂3000~4000倍液等，兑水喷雾，每5~7天防治1次。

六、炭疽病

【病原】 瓜类葫芦科刺盘孢菌，属半知菌亚门真菌。

【症状】 全生育期均可发病。主要为害叶片、茎蔓、叶柄和果实。幼苗发病，子叶边缘出现圆形或半圆形稍凹陷的褐色病斑，外围常有黄褐色晕圈。严重时植株基部呈黑褐色，蔫缩倒伏。成株发病，初为圆形或纺锤形水渍状斑，后干枯成黑色，有时出现同心圆纹和小黑点，干燥时病斑易穿孔，空气潮湿时表面产生粉红色小点。茎蔓和叶柄染病，病斑呈长圆形、浅黄色水渍斑，稍凹陷，后变黑，环绕茎蔓1周植株死亡。果实受害，初为褪绿水渍状褐色凹陷斑，凹陷处龟裂，湿度大时病斑中部产生粉红色黏稠物。幼瓜染病，果面出现水渍状浅绿色圆形斑，致幼瓜畸形或脱落。

【发生规律】 病菌随病残体在土壤中越冬或种子带菌。病菌从伤口或直接由表皮侵入，随雨水、灌溉水、昆虫或农事操作传播，形成初侵染，发病后病部产生分生孢子，形成频繁再侵染。10~30℃均可发病。发病适温为20~24℃，适宜相对湿度为85%~95%。棚室湿度高，叶片吐水或结露，田间排水不良，行间郁闭，通风不畅，偏施氮肥均可诱发该病发生。

【防治方法】

1）农业措施。棚室西瓜提倡高垄覆膜、膜下暗灌或滴灌的栽培模式，避免田间积水。加强棚室温、湿度管理，及时放风降湿。避免阴雨天或露水未干前进

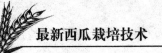

行整枝、采收等农事操作，避免偏施氮肥。及时清除病果或病残体，收获后进行环境灭菌。

2）药剂防治。发病初期可采用以下药剂防治：25％溴菌腈可湿性粉剂800倍液、70％甲基硫菌灵可湿性粉剂700倍液、10％苯醚甲环唑水分散粒剂1000~1500倍液、80％代森锰锌可湿性粉剂800倍液、40％多·福·溴菌腈可湿性粉剂800~1000倍液、25％咪酰胺乳油1000～1500倍液、75％肟唑·戊唑醇水分散粒剂2500～3000倍液、20％唑菌胺酯水分散粒剂1000～1500倍液、60％唑醚·代森联水分散粒剂1500～2000倍液等，兑水喷雾，每7~10天防治1次。

棚室栽培西瓜也可采用45％百菌清烟剂250g／亩熏烟防治。

七、霜霉病

【病原】 古巴假霜霉菌，属鞭毛菌亚门真菌。

【症状】 幼苗期和成株期均可发病，主要为害叶片。幼苗发病，子叶正面出现黄化褪绿斑，后变成不规则的浅褐色枯萎斑，湿度大时叶背面长出紫灰色霉层。成株多从下部老叶开始发病。初期叶面长出浅绿色水渍状斑点，逐渐变成黄褐色，沿叶脉扩展成为多角形病斑，湿度大时叶背面出现黑色霉层。病势由下而上逐渐蔓延。高湿条件下，病斑迅速扩展融合成大斑块，全叶黄褐色，干枯卷缩，下部叶片死亡。

【发生规律】 以卵孢子在土壤中或以菌丝体和孢子囊在棚室病株上越冬，第二年条件适宜时病菌借气流、雨水和灌溉水传播。病害温度适应范围较宽，在田间发生的气温要求为16℃，适宜流行的气温为20~24℃。高于30℃或低于15℃发病受到抑制。温度条件满足的条件下，高湿和降雨是病害流行的决定因素，尤其日平均气温在18~24℃、相对湿度大于80％时，病害迅速扩展。

【防治方法】

1）农业措施。选用抗病品种。合理轮作和施肥，及时排除田间积水。保护地栽培应合理密植，及时整蔓和棚室适时放风降湿等。

2）药剂防治。发病初期采用以下药剂防治：50％烯酰吗啉可湿性粉剂1000～1500倍液、72.2％霜霉威盐酸盐水剂800倍液、72％霜脲·锰锌可湿性粉剂800倍液、64％杀毒矾（噁霜·锰锌）可湿性粉剂400~500倍液、20％氟吗啉可湿性粉剂600~800倍液、687.5g／L霜霉威盐酸盐·氟吡菌胺悬浮剂800~1200倍液、84.51g／L霜霉威·乙磷酸盐水剂600~1000倍液、560g／L嘧菌·百菌清悬浮剂2000~000倍液、25%甲霜灵可湿性粉剂800倍液、25%苯霜灵乳油350倍液、250g／L吡唑醚菌酯乳油1500~3000倍液、25%烯肟菌酯乳油2000~3000倍液、60%唑醚·代森联水分散粒剂1000~2000倍液等，兑水喷雾，视病情每5~7天防治1次。

棚室栽培西瓜也可用45%百菌清烟剂250g／亩、15%百菌清·甲霜灵烟剂200g／亩熏烟防治，或于早晚用7%百菌清·甲霜灵粉尘剂1kg／亩喷粉防治。

八、绵疫病

【病原】 瓜果腐霉菌，属鞭毛菌亚门真菌。

【症状】 苗期染病，常引发猝倒，结瓜期染病主要为害果实。地面湿度大，贴地表的果面容易发病。首先果面出现水渍状病斑，后褐变、软腐。环境湿度大时，病部长出白色绒毛状菌丝。后期病瓜腐烂，发出臭味。

【发生规律】 病菌以卵孢子在土壤中或以菌丝体在病残体上越冬。在表土层中越冬的，条件适宜时萌发产生孢子囊，释放游动孢子或直接长出芽管侵染幼苗。借助雨水、灌溉水传播。病菌生长适温为22~24℃，适宜相对湿度为95%。

【防治方法】

1）农业措施。育苗床应地势较高、排水良好，施用的有机肥应充分腐熟。选择晴天浇水，不宜大水漫灌。加强苗期温度、湿度管理。及时放风降湿，防止出现10℃以下低温高湿环境。

2）药剂防治。发现病株应及时拔除。发病初期用以下药剂防治：72.2%霜霉威盐酸盐水剂800~1000倍液、15%噁霉灵水剂1000倍液、84.51%霜霉威·乙磷酸盐水剂800~1000倍液、687.5g／L氟吡菌胺·霜霉威悬浮剂800~1200倍液、69%烯酰吗啉可湿性粉剂600倍液、64%噁霜·锰锌可湿性粉剂500倍液、250g／L双炔酰菌胺悬浮剂1500~2000倍液等，兑水喷雾，视病情每5~7天防治1次。

九、病毒病

【病原】 主要包括黄瓜花叶病毒、甜瓜花叶病毒、黄瓜绿斑驳花叶病毒、小西葫芦黄化花叶病毒等。

【症状】 主要表现为花叶型和蕨叶型。花叶型发病初期新叶出现明脉，随病情发展顶部叶片呈深、浅绿色或黄绿相间的花纹，叶片凹凸不平，皱缩变小或

畸形，节间缩短，植株矮化，结果少而小，果实畸形，果面有褪绿斑驳。蕨叶型表现为新叶狭长，皱缩扭曲，植株矮化，顶端枝叶簇生，花器发育不良，难以坐瓜。上述两种类型均可产生畸形瓜或僵瓜，使西瓜失去商品利用价值。

【注意】实际生产中西瓜病毒病症状类型复杂多样，有花叶、皱缩、黄化、褪绿、线形叶、疱斑、卷叶等，因此应根据植株实际情况，综合判断。

【发病规律】 病毒不能在病残体上越冬，借蚜虫或枝叶摩擦传毒，发病适温为20~25℃。高温、干旱条件下，蚜虫、白粉虱发生严重时发病较重。

【防治方法】

1）农业措施。培育无毒壮苗。施足有机肥，适当增施磷、钾肥，提高植株抗病力。温室放风口安装防虫网，秋延迟茬棚室遮盖遮阳网，降温防蚜、白粉虱和蓟马等。设置黄板诱蚜，并及时拔除病株。

2）药剂防治。蚜虫、白粉虱是病毒传播的主要媒介，可用以下杀虫剂进行喷雾防治：240g／L螺虫乙酯悬浮剂4000~5000倍液、10%吡虫啉可湿性粉剂1000倍液、3%啶虫脒乳油2000~3000倍液、25%噻虫嗪可湿性粉剂2500~5000倍液、2.5%绿色功夫（高效氯氟氰菊酯）乳油1500倍液、10%烯啶虫胺水剂3000~5000倍液。

发病前或初期用以下药剂防治：20%吗啉胍·乙酮可湿性粉剂500~800倍液、2%宁南霉素水剂300~500倍液、7.5%菌毒·吗啉胍水剂500～700倍液、1.5%硫铜·烷基·烷醇水乳剂300~500倍液、3.95%吗啉胍·三氮唑核苷可湿性粉剂800~1000倍液、20%盐酸吗啉胍可湿性粉剂500倍液、25%吗呱·硫酸锌可溶性粉剂500~700倍液等，兑水喷雾，视病情每5~7天防治1次。

十、根结线虫病

【病原】 南方根结线虫，属动物界线虫门。

【症状】 主要为害西瓜根系，在根上形成大小不一的球形或不规则形的根结，单生或串生，初期为白色，后变为浅褐色。地上部初期无明显症状，中后期中午温度升高时易萎蔫，发病重时植株矮化。地上部长势衰弱，叶片萎垂，植株由下向上变黄干枯，不结瓜或瓜小，严重时整株萎蔫死亡。

【发生规律】 根结线虫以2龄幼虫或卵随病根在土壤中越冬，第二年条件适宜时越冬卵孵化为幼虫，幼虫侵入西瓜幼根。刺激根部细胞增生成根结或根瘤。根结线虫虫瘿主要分布于20cm表土层内，3~10cm中最多。病原线虫具有好气性，活动性不强，主要通过病土、病苗、灌溉和农具等途径传播。温度25~30℃，相对湿度40%~70%条件下线虫易发生流行。高于40℃、低于5℃时活动较少，55℃经10min可致死。连作地块、沙质土壤、棚室等发病较重。

【防治方法】

1）农业措施。发病地块实行轮作，棚室西瓜夏季换茬时与禾本科作物未完。如甜玉米等轮作效果和生产效益良好。采用无病土育苗和深耕翻晒土壤可减少虫源。收获后及时彻底清除病残体。

2）物理防治。7~8月或定植前1周进行高温闷棚结合石灰氮土壤消毒、淹水等可降低病虫发生。

3）生物防治。利用生防制剂，如沃益多微生物菌等可有效减缓病虫危害。

4）药剂防治。可结合整地采用下列药剂进行土壤处理：5%阿维菌素颗粒剂3~5kg/亩、98%棉隆微粒剂3~5kg/亩、10%噻唑磷颗粒剂2~5kg/亩、5%硫线磷颗粒剂3~4kg/亩、5%丁硫克百威颗粒剂5~7kg/亩等。生育期间发病，可用1.8%阿维菌素乳油1000倍液、48%毒死蜱乳油500倍液灌根，每株250mL，每隔5~7天防治1次。

十一、疫病

【病原】 疫霉菌，属鞭毛菌亚门真菌。

【症状】 全生育期均可发病，主要为害叶片、茎蔓和果实。苗期发病，子叶出现水渍状暗绿色圆形斑，逐渐变为红褐色。幼茎基部受害，病部呈开水烫状软腐，后缢缩、倒折。叶片发病，多从叶缘开始出现水渍状圆形或不规则形大斑，呈暗绿色。随病情发展，在湿度较大情况下病斑腐烂或似开水烫过，干燥后变褐干枯，易破碎。茎蔓和叶柄发病，以幼嫩组织受害最重，先形成纺锤形水渍状暗绿斑，后病部缢缩，湿度大时呈软腐状，干燥时为灰褐色干腐。果实染病，果面形成暗绿色水浸状圆形凹陷斑，边缘不明显，湿度大时迅速扩展，致果实水烫状皱缩腐烂，病部表面长有白色霉状物。

【发生规律】 病菌以卵孢子或菌丝体随病残组织在土壤或未腐熟的粪

肥中越冬。种子也可带菌。第二年条件适宜时病菌随雨水、灌溉水、气流或农事操作传播，从气孔或直接从表皮侵入。该病属高温高湿型病害，发病适温为25~30℃，最高为38℃，最低为8℃。85%以上的相对湿度会大大加快病害流行。棚室湿度过大，通风不良，田间积水，施用未腐熟有机肥，多雨季节等发病较重。

【防治方法】

（1）农业措施。尽量与非瓜类作物轮作，重茬重病地块定植前消毒。棚室西瓜提倡采用高垄覆膜、膜下暗灌或滴灌的栽培模式，避免田间积水。加强棚室温、湿度管理，及时放风降湿，氮磷钾平衡施肥，避免偏施氮肥。及时清除病果或病残体，收获后进行环境灭菌。

（2）药剂防治。发病初期选用以下药剂防治：72.2%霜霉威盐酸盐可湿性粉剂800~1000倍液、72%霜脲·锰锌可湿性粉剂700倍液、20%氟吗啉可湿性粉剂600~800倍液、50%烯酰吗啉可湿性粉剂2500倍液、72%丙森·膦酸铝可湿性粉剂800~1000倍液、68.75%氟菌·霜霉威可湿性粉剂600倍液、60%吡唑·代森联可湿性粉剂1200倍液、58%甲霜·锰锌可湿性粉剂500倍液、66.8%丙森·异丙菌胺可湿性粉剂600~800倍液、687.5g/L霜霉威盐酸盐·氟吡菌胺悬浮剂800~1200倍液等，兑水喷雾，视病情每5~7天防治1次。

【注意】疫病流行性极强，生产中采用"上喷下灌"的防治效果较好。即除用上述药剂喷雾防治外，还可同时用药剂灌根。

十二、蔓枯病

【病原】 瓜类球腔菌，属半知菌亚门真菌。

【症状】 又称褐斑病，全生育期均可发病，主要为害茎蔓、叶片或叶柄。叶片发病初期，从叶缘开始长有褐色病斑，呈圆形或半圆形，病斑边缘与健部组织界限分明。后病斑扩大并融合成不规则形，病斑中心浅褐色，边缘深褐色，有同心轮纹，并产生黑色小点。湿度大时迅速扩展至全叶，整个叶片枯死。叶柄受害初期基部出现水渍状小斑，后变成褐色梭形或不规则形坏死斑，病部缢缩，着生小黑点，其上部叶片枯死。茎蔓发病初期，节间部位出现浅黄色油渍状斑，病害部位分泌赤褐色胶状物。后期病斑干枯，凹陷，呈白色。其上着生黑色小粒点。果实染病，初也呈油渍状，不久变为暗褐色坏死斑，后病斑呈星状开裂，内部木栓化干腐。

【发病规律】 病菌以分生孢子或子囊壳随病残体在土壤或棚室内越冬，借气流、雨水、灌溉水等传播和再侵染。从茎蔓节间、叶片等气孔或伤口侵入。种子也可带菌18个月以上。适宜发病温度为20~30℃，最高生长温度为35℃，最低生长温度为5℃。适宜相对湿度为80%~92%。棚室内高温高湿，土壤酸化（pH为4~6），蔓叶郁闭，通风不良，排水不畅等均利于发病。

【防治方法】

（1）农业措施。与非瓜类作物轮作。提倡高畦或起垄种植，避免大水漫灌。施用的有机肥充分腐熟，适当增施磷钾肥，防止后期脱肥。拉秧后及时清除病残体等。

（2）药剂防治。发病初期用以下药剂防治：80%代森锰锌可湿性粉剂600倍液、43%戊唑醇悬浮剂2000~3000倍液、10%苯醚甲环唑水分散粒剂1200倍液、50%甲基硫菌灵可湿性粉剂1000~1500倍液、40%氟硅唑乳油3000~4000倍液、2.5%咯菌腈悬浮种衣剂1000~1500倍液、325g/L苯甲·嘧菌酯悬浮剂1500~2500倍液、60%吡唑·代森联可湿性粉剂1200倍液、30%琥胶肥酸铜可湿性粉剂500~800倍液+70%代森联悬浮剂700倍液等，兑水喷雾，视病情每5~7天防治1次。

【提示】蔓枯病发病严重时，可将药剂用量加倍后用毛刷涂刷病茎。

十三、枯萎病

【病原】 尖镰孢菌黄瓜转化型，属半知菌亚门真菌。

【症状】 西瓜枯萎病属于土传病害，全生育期均可发病。苗期染病，子叶萎蔫，茎基部褐变萎缩，倒伏，剖茎可见维管束变黄。成株发病初期，植株生长缓慢，根系变褐，叶片自下而上逐渐萎蔫，似缺水状。中午症状表现明显，早晚可恢复。随病情发展叶片枯萎下垂，植株枯死。同时茎蔓基部缢缩褐变，病部出现纵裂。裂口处出现琥珀色流胶或水渍状条斑，潮湿环境下病部产生粉红色霉层。剖开根、蔓，维管束呈褐色。潮湿条件下病株根部发病初呈水浸状褐色。严重时变褐腐烂，易拔起。

【提示】应注意枯萎病与疫病的区别，疫病株不流胶。常自叶柄基部发病。发病部位以上茎蔓枯死，病部明显缢缩。

【发病规律】 病菌主要以厚垣孢子、菌丝体或菌核在土壤病残体或未腐熟肥料中越冬或种子带菌。病菌在田间随雨水、灌溉水、未腐熟有机肥、地下害虫等传播，属积年流行病害。条件适宜时，病菌通过根部伤口或根尖侵入。发病温度为4~34℃，最适温度为24~28℃，35℃以上病害受抑制。但苗期16~18℃最易发病。空气相对湿度90%以上极易发生此病。此外，根系发育不良或有伤口、排水不良、害虫较多、土壤酸化等均有利于发病。该病害从结瓜至采收期间易发生。生产上应加以重视。

【防治方法】

（1）农业措施。注意换茬轮作。施用充分腐熟的有机肥。提倡高垄覆膜栽培，小水灌溉，忌大水漫灌。适当增施生物菌肥以及氮磷钾平衡施肥，提高植株抗性。适时通风降湿。收获后及时清除病残体和进行土壤消毒。

（2）嫁接防病。用南瓜砧木进行嫁接栽培防病效果明显。

（3）土壤处理。西瓜连作棚室可用石灰稻草法或石灰氮进行土壤消毒，并在定植前几天大水漫灌和高温闷棚。

（4）药剂防治。发病前至发病初期用下列药剂防治：70%噁霉灵可湿性粉剂2000倍液、3%噁霉·甲霜水剂600~800倍液、45%噻菌灵悬浮剂100倍液、50%甲基硫菌灵可湿性粉剂500倍液、80%代森锰锌可湿性粉剂600倍液、50%多菌灵可湿性粉剂500倍液、50%苯菌灵可湿性粉剂500~1000倍液、60%甲硫·福美双可湿性粉剂600~800倍液等，兑水灌根，每株250mL，视病情每5~7天防治1次。

十四、灰霉病

【病原】 灰葡萄孢菌，属半知菌亚门真菌。

【症状】 主要为害幼瓜、叶片、花、茎蔓。苗期发病，心叶烂头枯死，病部产生灰色霉层。叶片感病，病菌先从叶片边缘侵染形成水渍状病斑，病斑略呈V字形、半圆形或不规则形，并向叶片深度扩展，颜色变为红褐色或灰褐色。表面有浅灰色霉层。花瓣受害，形成水渍状腐烂，受害部位上着生灰色霉层，后花器官枯萎脱落。果实受害，多从果蒂部开始发病，初为水渍状软腐，病部产生灰色霉层，后变为黄褐色干缩或脱落。

【发生规律】 病菌以菌核、菌丝体或分生孢子在土壤和病残体上越冬。从植株伤口、花器官或衰老器官侵入，花期是染病高峰期。借气流、灌溉或农事操作传播。病菌生长适宜温度为18~23℃。最高30~32℃，最低4℃。空气相对湿度90%以上、棚室滴水、植株表面结露易诱发此病，属低温高湿型病害。

【防治方法】

（1）农业措施。棚室西瓜提倡采用高垄覆膜、膜下暗灌或滴灌的栽培模式。适时通风换气，降低湿度。及时进行整枝、打杈、打老叶等植株调整，摘（清）除病果、病花、病叶或病残体。氮磷钾平衡施肥促植株健壮。

【提示】棚室西瓜脱落的烂花或病卷须落在叶片上易引发灰霉病。因此植株下部败花、茎须等应装在随身塑料袋中及时带出棚室集中销毁。

（2）药剂防治。棚室西瓜拉秧后或定植前采用30%百菌清烟剂0.5kg／亩、20%腐霉利烟剂1kg／亩或20%噻菌灵烟剂1kg／亩熏闷棚12~24h灭菌。或采用40%嘧霉胺悬浮剂600倍液、50%敌菌灵可湿性粉剂400倍液、45%噻菌灵可湿性粉剂800倍液等进行地表和环境灭菌。

发病初期采用以下药剂防治：50%腐霉利可湿性粉剂1500～3000倍液、40%嘧霉胺可湿性粉剂800~1200倍液、50%嘧菌环胺可湿性粉剂1200倍液、30%福·嘧霉可湿性粉剂800～1000倍液、45%噻菌灵可湿性粉剂800倍液、25%啶菌噁唑乳油1000～2000倍液、2%丙烷脒水剂800~1200倍液、30%异菌脲·环己锌乳油800~1000倍液等，兑水喷雾，每5~7天防治1次。

十五、褐色腐败病

【病原】 辣椒疫霉菌，属鞭毛菌亚门真菌。

【症状】 主要为害叶片、茎蔓和果实，苗期和成株期均可发病。叶片染病，初生暗绿色水浸状病斑，后病叶软腐下垂，病斑变为暗褐色，干枯易脆裂。茎部染病，病部出现暗褐色纺锤状水浸斑。随病情发展，茎蔓变细产生白色霉层，后干枯。蔓先端染病后，侧枝发生增加。果实染病，果面初生圆形凹陷斑，病部呈水浸状暗绿色，后变为暗褐色或暗赤色。该病扩展较快，西瓜果实染病后很快腐败，造成较大损失。

【发生规律】 病菌以卵孢子在土壤中越冬，第二年条件适宜时产生初侵染，产生分生孢子后造成重复侵染。借雨水、灌溉水传播。高湿条件下，土壤酸化、排水不畅地块以及果实接触湿润地面时易发病。

【防治方法】

（1）农业措施。施用充分腐熟的有机肥，尽量减少氮素化肥用量。前茬收获后及时翻地，雨后及时排水，严禁田间积水。

（2）药剂防治。发病初期，棚室栽培西瓜可用45%百菌清烟剂200~250g/亩熏烟防治。方法是每棚放置4~5处，暗火点燃，闭棚一夜，第二天早晨通风。也可采用下列药剂防治：687.5g/L霜霉威盐酸盐·氟吡菌胺悬浮剂800~1200倍液、57%烯酰·丙森锌水分散粒剂2000~3000倍液、76%丙森·霜脲氰可湿性粉剂1000~1500倍液、66.8%丙森·异丙菌胺可湿性粉剂600~800倍液、76%霜·代·乙膦铝可湿性粉剂800~1000倍液等，兑水喷雾，每5~7天防治1次。

十六、细菌性果腐病

【病原】　类产碱假单胞菌西瓜亚种，属细菌。

【症状】　主要为害幼苗和果实。幼苗发病，常沿叶片中脉出现不规则形褐色病斑，可扩展至叶缘，叶背呈水浸状。果实染病，果面出现灰绿色至暗绿色水浸状斑点，后迅速扩展成大型不规则病斑、龟裂或变褐，果实腐烂，并分泌黏质琥珀色物质。

【发生规律】　病菌随病残体在土壤中或附着在种子上越冬，带菌种子是远距离传播的主要途径。病菌在田间借气流、雨水、灌溉水以及昆虫、农事操作等传播，由气孔或伤口侵入。在气温24~28℃潮湿环境下，病菌经1h即可侵入叶片，潜育期3天。高湿、多雨、大水漫灌、田间积水时易发病。

【防治方法】

（1）农业措施。提倡与禾本科、豆科等非瓜类蔬菜轮作。施用充分腐熟的有机肥。棚室栽培提倡膜下暗灌，及时放风降湿。爬地栽培膨瓜期注意垫瓜，防止烂瓜。

（2）种子处理。播前种子用40%福尔马林150倍液浸种30min，或90%新植霉素（土霉素·链霉素）可湿性粉剂2000倍液浸种1h，或72%农用链霉素可湿性粉剂1000~1500倍液浸种2h，洗净后清水浸种6~8h再催芽播种。

（3）药剂防治。参考西瓜细菌性叶斑病防治方法。

十七、酸腐病

【病原】　卵形孢霉菌，属半知菌亚门真菌。

【症状】　主要为害半熟瓜，病瓜初呈水渍状，之后软腐，在病部表面产生一层紧密的白色霉层，逐渐呈颗粒状，有酸臭味。瓜皮受伤后更易受到侵染，严重时造成大批果实腐烂。

【发生规律】　以菌丝体在土壤中越冬，腐生性强，借气流、雨水或灌溉水传播。病菌多从西瓜与地面接触处或伤口侵入，并传播蔓延和进行再侵染。该病害属高温高湿型病害，一般结瓜期间高温多雨、田间湿度高时发病重。

【防治方法】

（1）农业措施。提倡高垄或高畦栽培。注意加强结瓜期管理，减少生理裂口或生理伤口，雨后及时排除田间积水。避免大水漫灌，及时拔除发病植株。收获后及时清园，减少田间菌源。

（2）药剂防治。发病初期，采用以下药剂防治：77%氢氧化铜可湿性粉剂800~1000倍液、70%甲基硫菌灵可湿性粉剂600倍液、33.5%喹啉酮悬浮剂800~1000倍液、250g／L醚菌酯悬浮剂1500~2000倍液、68.75%噁唑菌酮·锰锌水分散粒剂1000~1500倍液等，兑水喷雾，每7~10天防治1次。

第二节　西瓜生理性病害诊断与防治

一、化瓜

【症状】　幼瓜发育一定时间后停止生长，表皮褪绿变褐，幼瓜萎缩。直至干枯、脱落。

【病因】

（1）雌花发育不良或未受精，尤其花期遇阴雨天气，棚室内湿度过大，花粉易吸湿破裂或昆虫活动较少，雌花未正常授粉，导致子房膨大终止。

（2）肥水管理不当，花期肥水过多造成植株徒长引发化瓜或肥水不足，植株长势弱也易引发落花、落果。

（3）花芽分化异常，造成雌花、雄花器官畸形。

（4）光温环境不良，温度过高或过低，光照不足均可导致化瓜。

【防治方法】

（1）育苗过程中预防低温或高温危害，以防花芽分化异常，降低畸形花率。

（2）合理水肥运筹。应重施底肥，氮磷钾平衡追肥，尤其伸蔓期应酌减氮肥用量，并适当控制浇水，严防植株徒长。

（3）放雄蜂授粉或人工辅助授粉，必要时幼瓜喷施坐瓜灵保果。

【小窍门】徒长瓜田，可在授粉后将瓜后茎蔓用手捏一下。以减少养分向顶端运输，促养分集中供应幼瓜。

二、裂瓜

【症状】 可分为生育期裂瓜和采收期裂瓜两类。多在果实膨大期从尾端纵向开裂，失去商品利用价值。

【病因】

（1）与品种有关，品种皮薄不韧，易造成生育期和采收期裂瓜。

（2）雌蕊授粉不均匀，幼瓜果实发育不平衡，从果面不膨大部分开裂。

（3）膨瓜期或采收前期土壤干旱，突然浇水或遇连续阴雨天气，果肉生长速度快于瓜皮生长，导致裂瓜。

（4）果实前期发育温度较低，而后突遇升温，果实迅速膨大，造成裂瓜。

（5）土壤硼、钙、钾素等元素含量不足，果皮硬度和韧性不够，易裂瓜。

【防治方法】

（1）选用耐裂品种。

（2）加强水分管理，尤其花果期浇水不宜忽大忽小。

（3）采取合理的保温和通风降温、降湿措施，防止室内温度变化过快。

（4）花果期喷施硼、钙、硅等叶面微肥。

（5）傍晚采收可减少裂瓜。

三、畸形瓜

【症状】 畸形瓜主要表现为偏头瓜、大肚瓜、尖嘴瓜等，是由花芽分化和果实发育过程中环境不良或栽培措施不当等因素造成的，失去商品利用价值。

【病因】

（1）花芽分化期间，因低温等因素导致植株吸收钙、锰等微量元素不足。

（2）花芽分化阶段养分供应不均衡，前期肥水不足，后期水肥充足易形成宽肩厚皮瓜。

（3）花期授粉不匀，果实发育不平衡易形成偏头瓜。

（4）果实发育期养分、水分和光照不足，果实不能充分膨大而形成尖嘴瓜。

【防治方法】

（1）加强苗期管理，注意温、湿度调控，避免低温影响花芽正常分化。

（2）苗期注意养分均衡供应，尤其4～5叶期应叶面喷施钙、锰等微肥。

（3）人工辅助授粉时注意花粉应均匀涂抹于柱头上，以提高授粉质量。

（4）膨瓜期加强肥水管理。

四、脐腐病

【症状】 一般膨瓜期易发此病，发病初期果实脐部呈水浸状暗绿色或深绿色，后变为暗褐色，病部瓜皮失水，病部中央扁平或呈凹陷状。有时出现同心轮纹，果肉一般不腐烂。病斑圆形或呈边缘平滑的不规则状，空气潮湿时病部因真菌滋生产生黑色霉层。

【病因】 氮肥施用过多影响钙素吸收以及果实膨大期突然干旱缺水，导致西瓜脐部大量失水，均可诱发此病。植物激素调节剂施用不当也会出现脐腐病。

【防治方法】 选用抗病品种，瓜田重施有机肥。果实膨大期应加强肥水供应，促进正常膨瓜。易发病地块，可在花果期叶面喷施0.3%～0.5%硝酸钙溶液或微补钙力800倍液、微补果力600倍液，及时补充钙素。

五、日灼病

【症状】 夏季露地西瓜果实生育后期，因太阳强光灼伤。果面出现椭圆形或不规则形大小不等的白斑，病部受伤害后常腐生杂菌。

【病因】 由于太阳强光长时间直接照射果实所致。

【防治方法】 合理密植，栽植密度不宜过稀，以免果实无茎叶遮盖长时间接受曝晒。必要时可覆草遮盖或及时"翻瓜"。

六、黄带果（粗筋果）

【症状】 膨瓜初期，果实中央或胎座部分维管束变为黄色带状纤维，并可发展成为黄色粗筋。黄带果果实糖度较低，口感差。

【病因】 黄带果的产生与温度、肥水和营养供应有关。植株前期生长过

旺，果实成熟过程中如果遇低温或叶片受损导致茎叶向果实运输养分不足或受阻，而果实成熟时仍保留发达的维管束所致。土壤缺钙、高温干旱、低温、土层干燥、缺硼等均影响钙素吸收，从而使黄带果增加。另外，南瓜砧木嫁接西瓜也易产生黄带果。

【防治方法】 合理施用氮肥，防止西瓜营养生长过旺。在施足基肥的基础上，幼瓜期叶面喷施钙肥、硼肥等微肥。高温季节应加强肥水管理，增强根系吸收能力。

七、空洞瓜

【症状】 西瓜成熟时果实内果肉开裂，出现横断或纵断缝隙空洞，商品品质下降。

【病因】 由低温或干旱条件下，瓜瓤不同部位生长发育不均衡引发。横断空洞瓜多发生于低节位瓜或低温、干旱环境下结瓜，前期因种子数量少，输送养分不足，心室未能充分膨大，后遇高温后果皮发育加快，形成空洞。纵断空洞瓜是由于果实膨大后期，果皮附近果肉组织仍继续发育，造成瓜内部组织发育不均衡所致。

【防治方法】

（1）选择主蔓第2~3雌花坐瓜。

（2）注意氮磷钾平衡施肥和重施有机肥，膨瓜期追施叶面微肥。

（3）合理整枝理蔓，促营养生长和生殖生长协调。

八、晶瓜

【症状】 又称果肉"溃烂病"，分为太阳晶瓜和水晶瓜两种。外观与正常瓜相同，剖开可见种子周围果肉呈水渍状、红紫色或黄冻状，严重时种子周围细胞崩裂似渗血状，果肉变硬，半透明，有异味，失去食用价值。

【病因】 果实在高温、强光环境下，无叶片遮盖，易形成太阳晶瓜。棚室栽培西瓜膨大后期，土壤干湿变化较快、根系活力和吸收能力下降或植株脱肥、长势弱易造成水晶瓜。叶片损伤和高温环境，导致果肉乙烯增加，呼吸异常，肉质变劣。

【防治方法】　重施有机肥，促土壤通透性提高。加强水分和整枝管理，促进根系发育和功能提升。高温强日照下注意翻瓜或以草盖瓜。

九、沤根

【症状】　幼苗、植株地上部分生长停滞，长时间无新叶抽生。已发叶片有黄化趋向，叶缘发黄皱缩，呈焦枯状，严重时植株萎蔫、干枯。发病植株根色由白变黄，不生或少生新根，严重时根呈铁锈色、腐烂，引发死苗。

【病因】　苗期戚定植初期，调低温阴雨天气，造成土壤湿冷缺氧引发此病。尤其低洼地、黏土地透水不良，雨（水）后未及时放风降湿会加重病情。另外，定植伤根、分苗时浇水过多均可诱发沤根。

【防治方法】

（1）选择排水良好、通透性好的壤土地块育苗或种植。

（2）苗期低温下水分管理提倡小水勤浇，忌大水漫灌，雨后注意排水。浇水宜在早晚进行，忌晴天中午或阴天浇水。

（3）选择冷尾暖头的晴天适时定植。

（4）发生沤根棚室，应加强通风，降低棚内湿度，同时可叶面喷施0.2%磷酸二氢钾溶液、赛德生根壮苗700倍液或叶面微肥补充养分，并可结合浇水冲施。

十、无头封顶苗

【症状】　西瓜幼苗生长点退化。不能正常抽生新叶，只有2片子叶，有时虽能形成1～2片真叶，但无生长点，叶片萎缩。

【病因】　苗期长时间遇低温、阴雨天气，根系吸收不良，幼苗营养生长较弱或苗期突遇寒流侵袭，幼苗生长点分化受抑均可引发此病。另外，陈旧种子生活力低、肥害烧根、药害、病虫害等均可导致无头苗的出现。

【防治方法】　选用发芽势强的种子播种育苗。加强苗床管理，增加保温增温设施，及时通风降湿，对已受害的僵化苗可适当追施叶面肥促新叶萌发。注意防止肥害，尤其有挥发性肥料施用后及时放风。按照规程说明，合理使用农药防治病虫害。

十一、冷害

【症状】　早春苗床或棚室均可发生。西瓜5℃以下即发生冷害，轻者叶片

边缘呈黄白色，造成生长停顿或大缓苗；稍重者叶缘卷曲、干枯，生长点停止生长，形成僵苗。严重时，植株发生生理失水，变褐枯死。

【病因】 育苗期或定植后棚室设施性能不佳或未炼苗、炼苗不足等，遇低温幼苗易发生冷害。

【防治方法】

（1）改善育苗环境，保障苗期光温需求，促壮苗培育。

（2）注意天气变化，简易棚室应及时增设小拱棚、保温幕帘等多层覆盖，以利提温保温。

（3）发生冷害后，勿使棚温迅速上升，以免根系吸水不足，蒸腾加大致生理失水。在管理上，棚室可适当通风使室温缓慢回升，避免短时间内升温过快。同时，可叶面喷施天达2116防冷害发生。

十二、高脚苗

【症状】 多发生于苗期，主要表现为下胚轴细长、纤弱，易感病害。

【病因】 早春育苗苗床湿度过大，光照不足，播种密度过大，幼苗拥挤等均可形成高脚苗。另外，夏秋季高温下育苗，光照不足也可引发高脚苗。

【防治方法】

（1）苗期应加强管理，使播种密度合理，适时通风降温、降湿，注意增加光照。

（2）苗期合理肥水运筹、平衡施肥、追施叶面微肥等促根系发育，培育壮苗。

十三、缺硼症

【症状】 从伸蔓期开始，生长点发育受抑，叶片变小，叶面皱缩，凹凸不平。不开花或开花少，花器官发育不良或畸形。难坐瓜，畸形瓜或空心瓜率增加。

【病因】 酸性或沙性土壤易缺硼，广东、海南、江西等南方地区瓜田易发缺硼症。施用钾肥过量影响西瓜对硼肥的吸收。土壤干旱缺水，根系吸收硼素不足，也可引发缺硼症。

【防治方法】

（1）施用基肥时，可结合有机肥每亩施入11%的硼砂1kg或持力硼200～400g。

（2）当西瓜长至4~5节时，可叶面喷施硼砂50~100g／亩或速乐硼1500倍液，连喷2次。

（3）发生症状时，可用微补硼力3000倍液灌根或叶面喷施速乐硼1500倍液。

【注意】硼肥不宜与过磷酸钙或尿素混施，以免硼素被固定失效。

十四、缺钙症

【症状】　幼叶叶缘黄化，叶片卷曲，老叶绿色不表现症状。生长点发育受抑，茎蔓顶端变褐枯死。植株矮小，节间变短，顶芽、侧芽、根尖易枯萎或腐烂死亡。果实发病即为脐腐病。

【病因】　西瓜种植于酸性土壤易发缺钙症。土壤干旱或钾肥施用过多均阻碍西瓜对钙素的吸收。

【防治方法】

（1）重施有机肥，增强土壤养分全面均衡供应能力。

（2）酸性土壤应进行土壤改良，施用石灰质肥料，调土壤pH至中性，可缓解缺钙症状。

（3）易缺钙地块及时叶面喷施0.3%~0.5%硝酸钙溶液，或微补钙力800倍液、微补果力600倍液，及时补充钙素。

十五、缺镁症

【症状】　初期西瓜自老叶开始在叶脉之间出现褪绿现象，后叶脉间出现灰色或褐色的坏死斑，西瓜生长缓慢，严重者整株西瓜叶片干枯。

【病因】　氮肥用量过大引发土壤酸化或碱性土壤均可阻碍镁吸收。低温、干旱条件下根系吸收不良也可导致缺镁。

【防治方法】　视病情程度，叶面喷施1%~2%硫酸镁或螯合镁溶液2~3次。补镁时适当增施钾肥、锌肥。

十六、缺钾症

【症状】　老叶边缘呈现褐色焦枯状，茎蔓变细。

【病因】　土壤缺钾或钾肥用量不足。

【防治方法】　定植时增施有机肥。膨瓜期叶面喷施0.1%磷酸二氢钾溶液。

十七、缺铁症

【症状】 叶片叶脉间黄化，叶脉正常。

【病因】 碱性土壤，土壤过干过湿，低温均易引发西瓜缺铁。此外，土壤中铜、锰、磷含量过高可阻碍西瓜吸收铁素引发缺铁症。

【防治方法】 合理水分管理，忌过干过湿。土壤pH值近中性时减少碱性肥料施用。必要时叶面喷施0.1%～0.2%硫酸亚铁溶液。

十八、缺氮症

【症状】 西瓜伸蔓期等营养生长阶段容易出现缺氮症，主要表现为上部叶片颜色变浅、叶片变小、生长缓慢。

【病因】 氮肥施用不足。

【防治方法】 根外冲施、叶面喷施速效氮肥。

十九、缺锌症

【症状】 西瓜枝条纤细，节间变短，叶片向叶背翻卷，叶尖和叶缘变褐并逐渐焦枯，叶片发育不良。

【病因】 碱性或中性土壤有效锌含量低于0.5mg／kg，酸性土壤有效锌含量低于1.5mg／kg时易缺锌。土壤碱性，大量施用氮肥，含磷量高以及有机质含量低或土壤缺水均易诱发缺锌。土壤中铜、镍不平衡也是缺锌的原因之一。

【防治方法】 加强田间管理，增施有机肥，必要时叶面喷施0.1%硫酸锌溶液。

二十、缺铜症

【症状】 幼叶失绿变黄，易干枯脱落。

【病因】 土壤缺素。

【防治方法】 结合施肥，根外冲施适量硫酸铜。

【注意】根据植株长势确定追肥是西瓜肥水管理的一项重要依据。如新生叶片长成后叶面积明显减少、叶片变薄则为脱肥叶，相应及时补充肥水。

西瓜缺素的判断可根据营养元素在植物体内的移动性辅助判断。缺素时，氮、磷、钾、镁、锌、硼、钼等元素可从老叶等部位移动至幼嫩部位重新利用，因此老叶等部位首先出现缺素症状。而钙、硫、铁、锰、铜等则属于难移动元素，缺素时嫩叶等部位首先出现症状。

第三节　西瓜虫害诊断与防治

一、瓜蚜

【为害分布】　瓜蚜又称棉蚜，属同翅目蚜科。全国各地均有分布，是病毒病等多种病害的传播媒介，对西瓜生产危害较大。

【危害与诊断】　成虫和若虫主要在叶片背面或幼嫩茎蔓、花蕾和嫩梢上以刺吸式口器吸食汁液为害。嫩叶和生长点受害后，叶片卷缩，生长停滞。功能叶片受害后提前枯黄，叶片功能期减弱，导致减产。

无翅孤雌蚜体长1.5~1.9mm。夏季多为黄色，春、秋季为墨绿色至蓝黑色。有翅孤雌蚜体长1.2~1.9mm，头、胸黑色。无翅胎生蚜体长1.5~1.9mm，夏季黄色、黄绿色，春、秋季墨绿色。有翅胎生蚜体黄色、浅绿色或深绿色。若蚜黄绿色至黄色，也有蓝灰色。

【发生规律】　华北地区每年发生10多代，长江流域每年发生20~30代。以卵越冬或以成虫、若虫在保护地内越冬繁殖。第二年春季6℃以上时开始活动，北方地区于4月底有翅蚜迁飞到露地蔬菜等植物上繁殖危害，秋末冬初又产生有翅蚜迁入保护地。春、秋季和夏季分别10天左右和4~5天繁殖1代。繁殖适温为16~20℃，北方地区气温超过25℃、南方超过27℃、相对湿度75%以上不利于其繁殖。

【防治方法】

（1）农业措施。棚室通风口处加装防虫网，及时拔除杂草、残株等。积极推行物理防治和生物防治方法。

（2）物理防治。在温室西瓜上方张挂30cm×50cm黏虫黄板（每亩20~30张），高度以与植株顶端平齐或略高为宜，悬挂方向以板面东西向为佳。或采用银灰色地膜覆盖驱避蚜虫。

（3）生物防治。可在棚室内放养丽蚜小蜂等天敌治蚜。具体方法是西瓜定植后1周左右，初期可按照3头/m^2的标准，撕开悬挂钩将卵卡悬挂于植株下部，

根据虫害发生情况，每7天释放1次，持续释放3～4次直至虫害得以控制为止。具体方法参照卵卡说明书进行。

（4）药剂防治。适时进行药剂防治：棚室可采用10％敌敌畏烟熏剂、15％吡·敌畏烟熏剂、10％灭蚜烟熏剂、10％氰戊菊酯烟熏剂等，每次用量0.3～0.5kg／亩。

采用10％吡虫啉可湿性粉剂1500~2000倍液、3％啶虫脒乳油2000~3000倍液、240g／L螺虫乙酯悬浮剂4000~5000倍液、25％噻虫嗪水分散粒剂6000~8000倍液、50％抗蚜威可湿性粉剂2000~3000倍液、10％氯噻啉可湿性粉剂2000~3000倍液、20％氰戊菊酯乳油2000倍液、48％毒死蜱乳油3000倍液、2.5％氯氟氰菊酯乳油3000~4000倍液、3.2％烟碱川楝素水剂200~300倍液、1％苦参素水剂800~1000倍液等，兑水喷雾，视虫情每7~10天防治1次。

二、白粉虱

【为害分布】　白粉虱属同翅目，粉虱科，是北方棚室蔬菜栽培过程中普遍发生的虫害，可为害几乎所有蔬菜类型，也是病毒病等多种病害的传播媒介。

【危害与诊断】　白粉虱成虫或若虫群集以锉吸式口器在西瓜叶背面吸食汁液为害，致使叶片褪绿变黄、萎蔫。其分泌的大量蜜露可污染叶片和果实，诱发煤污病，造成西瓜减产或商品利用价值下降。

成虫体长1.0~1.5mm，浅黄色，翅面覆盖白色蜡粉。卵为长椭圆形，长约0.2mm，基部有卵柄，柄长0.02mm，从叶背气孔插入叶片组织中取食。初产时浅绿色，覆有蜡粉，而后渐变为褐色，孵化前呈黑色。若虫体长0.29~0.8mm，长椭圆形，浅绿色或黄绿色。足和触角退化，紧贴在叶片上营固着生活。4龄若虫又称伪蛹，体长0.7~0.8mm，椭圆形，初期体扁平，逐渐加厚，中央略高，黄褐色，体背有长短不齐的蜡丝，体侧有刺。

【发生规律】　白粉虱在北方温室内1年发生10余代，周年发生，无滞育和休眠现象，冬天在室外不能越冬。成虫羽化后1~3天可交配产卵，也可进行孤雌生殖，其后代为雄性。成虫有趋嫩性。在植株打顶以前，成虫总是随着植株的生长不断追逐顶部嫩叶产卵，虱卵以卵柄从气孔插入叶片组织中，与寄主植物保持水分平衡，极不易脱落。若虫孵化后3天内在叶背可做短距离游走，当口器插入叶组织后即失去爬行机能，开始营固着生活。白粉虱繁殖适温为18~21℃，温室条件下约1个月完成1代。冬季结束后由温室通风口或种苗移栽迁飞至露地，因此人为因素可促进白粉虱的传播蔓延。其种群数量由春至秋持续发展，夏季高温多雨对其抑制作用不明显。秋季数量达高峰，集中为害瓜类、豆类和茄果类蔬菜。北方棚室栽培区7、8月露地密度较大，8、9月危害严重，10月下旬后随气温下降逐渐向棚室内迁飞危害或越冬。

【防治方法】

（1）农业措施。棚室通风口处加装防虫网，及时拔除杂草、残株等。积极推行物理防治和生物防治方法。

（2）物理防治。在温室西瓜上方张挂30cm×50cm黏虫黄板（每亩20~30张），高度以与植株顶端平齐或略高为宜，悬挂方向以板面东西向为佳。

（3）生物防治。可在棚室内放养丽蚜小蜂等天敌加以防治。具体方法参照西瓜蚜虫生物防治方法。

（4）药剂防治。虫害发生初期用下列药剂防治：烟熏法防治参考本节瓜蚜防治方法。或采用10%吡虫啉可湿性粉剂1500~2000倍液、25%噻嗪酮可湿性粉剂1000~2000倍液、240g/L螺虫乙酯悬浮剂4000~5000倍液、25%噻虫嗪水分散粒剂6000~8000倍液、2.5%联苯菊酯乳油2000~2500倍液、3%啶虫脒乳油2000~3000倍液、48%毒死蜱乳油2000~3000倍液、10%氯氰菊酯乳油2500~3000倍液等。兑水喷雾，视虫情每7天左右防治1次，连续防治2~3次。

三、黄蓟马

【为害分布】 黄蓟马属缨翅目，蓟马科。目前在我国大部分地区均有分布，主要为害瓜类、茄果类和豆类蔬菜等。

【危害与诊断】 黄蓟马以锉吸式口器吸食西瓜嫩梢、嫩叶、花及果实的汁液为害。叶片受害易褪绿变黄，扭曲上卷，心叶不能正常展开。嫩梢等幼嫩组织受害，常枝叶僵缩、生长缓慢或老化坏死、幼瓜畸形等。

成虫体长1.0mm，金黄色。头近方形，复眼稍突出。单眼3只，红色，排成三角形。单眼间鬃间距较小，位于单眼三角形连线外缘。触角7节，翅2对，腹部扁长。卵长椭圆形，白色透明，长约0.02mm。若虫3龄，黄白色。

【发生规律】 黄蓟马在南方地区每年发生11多代，北方地区每年可发生8~10代。保护地内可周年发生，世代重叠。以成虫潜伏在土块、土缝下或枯枝落叶间越冬，少数以若虫越冬。温度和土壤湿度对黄蓟马发育影响显著，其正常发育的温度范围为15~32℃，土壤含水量以8%~10%最为适宜，较耐高温，夏、秋两季发生严重。该虫具有迁飞性、趋蓝性和趋嫩性，活跃、善飞、怕光，多在结瓜嫩梢或幼瓜的毛丛中取食，少数在叶背危害。雌成虫有孤雌生殖能力，卵散产于植物叶肉组织内。若虫怕光，到3龄末期停止取食，落土化蛹。

【防治方法】

（1）农业措施。清除田间杂草、残株，消灭虫源。提倡地膜覆盖栽培，减少成虫出土或若虫落土化蛹。

（2）物理防治。发生初期采用黏虫蓝板诱杀。在温室西瓜上方张挂30cm×40cm黏虫蓝板（每亩20张），高度以与植株顶端平齐或略高为宜，悬挂方向以板面东西向为佳。

（3）生物防治。棚室栽培可考虑人工放养小花蝽、草蛉等天敌进行生物防治。

（4）药剂防治。参考本节瓜蚜防治方法。

四、美洲斑潜蝇

【为害分布】　美洲斑潜蝇属双翅目，潜蝇科。在我国大部分地区均有分布，可为害130多种蔬菜，其中瓜类、茄果类、豆类蔬菜受害较重。

【危害与诊断】　主要以幼虫钻叶为害。幼虫在叶片上下表皮间蛀食，造成由细变宽的蛇形弯曲隧道，多为白色，隧道相互交叉。逐渐连接成片，严重影响叶片光合作用。成虫刺吸叶片汁液，形成近圆形白色小点。

成虫体长1.3~2.3mm，浅灰黑色，胸背板亮黑色，体腹面黄色。卵呈米色，半透明，较小。幼虫蛆状，乳白色至金黄色，长3mm。蛹长2mm，椭圆形，橙黄色至金黄色，腹面稍扁平。成虫具有趋光性、趋绿性、趋化性和趋黄性，有一定飞翔能力。

【发生规律】　美洲斑潜蝇在北方地区每年发生8~9代，冬季露地不能越冬，南方每年可发生14~17代。发生期多为4~11月。5~6月和9~10月中旬是两个发生高峰期。

【防治方法】

（1）农业措施。及时清除田间杂草、残株，减少虫源。定植前深翻土地，将地表蛹埋入地下。发生盛期增加中耕和浇水，破坏化蛹环境，减少成虫羽化。

田间悬挂30cm×50cm黏虫黄板诱杀成虫。

（2）药剂防治。发生盛期棚室内可采用10%敌敌畏烟熏剂、15%吡·敌畏烟熏剂、10%灭蚜烟熏剂、10%氰戊菊酯烟熏剂等防治，每次用量0.3~0.5kg／亩。或选用0.5%甲氨基阿维菌素苯甲酸盐微乳剂2000~3000倍液、1.8%阿维菌素乳油2000~3000倍液、20%甲维·毒死蜱乳油3000~4000倍液、1.8%阿维·啶虫脒微乳剂3000～4000倍液、50%环丙氨嗪可湿性粉剂2000~3000倍液、5%氟虫脲乳油1000~1500倍液等，兑水喷雾，视病情每隔7天防治1次，连续防治2~3次。

【注意】防治斑潜蝇幼虫应在其低龄时用药，即多数虫道长度在2cm以下时效果较好。防治成虫，宜在早晨或傍晚等其大量出现时用药。

五、朱砂叶螨

【为害分布】 属真螨目，叶螨科。主要为害瓜类、茄果类、葱蒜类蔬菜。在我国各地均有发生，是西瓜生产的一种重要虫害。

【危害与诊断】 为害西瓜叶片，以成螨或若螨在叶背面刺吸汁液为害，叶面出现灰白色或浅黄色小点，叶片扭曲畸形或皱缩，严重时呈沙状失绿，干枯脱落。

雌成螨体长0.4~0.5mm，椭圆形，锈红色或深红色。体背两侧有暗斑，背上有13对针状刚毛。雄成螨体长0.4mm，长圆形，绿色或橙黄色，较雌螨略小，腹末略尖。卵圆形，橙黄色，产于丝网之上。

【发生规律】 北方地区每年发生12～15代，长江流域每年发生15~18代。以雌成螨和其他虫态在落叶下、杂草根部、土缝里越冬。第二年4～5月迁入菜田危害，6~9月陆续发生，其中6~7月发生严重。成螨在叶背吐丝结网，栖于网内刺吸汁液、产卵。朱砂叶螨有孤雌生殖习性，成、若螨靠爬行或吐丝下垂近距离扩散，借风和农事操作远距离传播。有趋嫩习性，一般由植株下部向上危害。温度25~30℃，相对湿度35%~55%最有利于虫害发生流行。

【防治方法】

（1）农业措施。及时清除棚室内外杂草、枯枝败叶，减少虫源。有条件的地区可人工放养天敌——扑食螨进行生物防治。

（2）药剂防治。发现朱砂叶螨在田间为害时采用下列药剂防治：5%噻螨酮乳油1500～2000倍液、20%双甲脒乳油2000~3000倍液、1.8%阿维菌素乳油

2000~3000倍液、40%联苯菊酯乳油2000～3000倍液、15%哒螨灵乳油2000~3000倍液、30%嘧螨酯悬浮剂2000~4000倍液、73%炔螨特乳油2000~3000倍液等，兑水喷雾，视虫情每7~10天防治1次。

【提示】噻螨酮无杀成虫作用。因此应在朱砂叶螨发生初期使用，并与其他杀螨剂配合使用。

六、瓜绢螟

【为害分布】 属鳞翅目，螟蛾科。我国各地均有分布，主要为害瓜类、茄果类和豆类蔬菜。

【危害与诊断】 主要为害叶片和果实。低龄幼虫在叶背啃食叶肉，受害部位呈灰白色。3龄后吐丝将叶或嫩梢缀合，居其中取食，呈现灰白斑，使叶片穿孔或缺刻，严重者仅留叶脉。幼虫常蛀入瓜内，影响产量和质量。

成虫体长11mm左右，头、胸黑色，腹部白色，第1、7、8节末端有黄褐色毛丛。前翅白色略透明，前翅前缘和外缘、后翅外缘呈黑色宽带。末龄幼虫体长23～26mm，头部、前胸背板浅褐色，胸腹部草绿色，亚背线呈两条较宽的乳白色纵带，气门黑色。卵扁平，椭圆形。浅黄色，表面有网纹。蛹长约14mm，深褐色，外被薄茧。

【发生规律】 部分地区每年发生3~6代，长江以南地区每年发生4~6代，两广地区每年发生5~6代，以老熟幼虫或蛹在枯叶或表土越冬。北方地区一般每年5月田间出现幼虫危害，7~9月逐渐进入盛发期，危害严重，11月后进入越冬期。成虫夜间活动，稍有趋光性，雌蛾在叶背产卵。幼虫3龄后卷叶取食，蛹化于卷叶或落叶中。

【防治方法】

（1）农业措施。结合田间管理，人工摘除卵块和初孵幼虫危害的叶片，集中处理。注意铲除田边杂草等滋生场所，晚秋或初春及时翻地灭蛹。有条件的地区可人工繁殖放养拟澳洲赤眼蜂进行生物防治。

（2）药剂防治。可于1~3龄卷叶前，采用以下药剂或配方防治：1.8%阿维菌素乳油2000~3000倍液、20%甲维·毒死蜱乳油3000~4000倍液、0.5%甲氨基阿维菌素苯甲酸盐微乳剂2000～3000倍液、5%丁烯氟虫腈乳油2000~3000倍液、2.5%氯氟氰菊酯乳油4000~5000倍液、40%菊·马乳油2000～3000倍液等，兑水喷雾时加入有机硅展着剂，视虫情每隔7～10天防治1次。

第五章　西瓜棚室栽培常用设施的设计与建造

西瓜保护地栽培的常用设施有小拱棚、塑料大棚和日光温室。本章以昌乐和寿光常用西瓜棚室栽培设施为例，分别介绍不同棚室的设计与建造方法。

第一节　小拱棚的设计与建造

小拱棚的跨度一般为1~3m，高为0.5~1m。其结构简单，造价低，一般多用轻型材料建成。骨架可由细竹竿、毛竹片、荆条、直径为6~8mm的钢筋等材料弯曲而成。

一、小拱棚的主要类型

包括拱圆小棚、拱圆棚加风障、半墙拱圆棚和单斜面棚（图5-1）。生产上应用较多的是拱圆小棚。

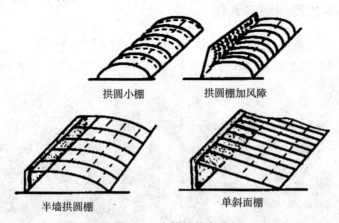

拱圆小棚　　　　　　　拱圆棚加风障

半墙拱圆棚　　　　　　　单斜面棚

图5-1　小拱棚的类型

二、小拱棚的结构与建造

西瓜栽培小拱棚棚架为半圆形，高为0.8~1m。宽为1.2~1.5m，长度因地而定。地面覆盖地膜，骨架用细竹竿按棚的宽度将两头插入地下形成圆拱，拱杆间距30cm左右。全部拱杆插完后，绑3~4道横拉杆，使骨架成为一个牢固的整体，如图5-2所示。覆盖薄膜后可在棚顶中央留一条放风口，采用扒缝放风。为了加强防寒保温，棚的北面可加设风障，棚面上于夜间再加盖草苫。

图5-2　塑料小拱棚

第二节　塑料大棚的设计与建造

一、西瓜生产用塑料大棚

主要包括竹木结构大棚和热镀锌钢管拱架大棚（图5-3）

图5-3　竹木结构大棚和热镀锌钢管拱架大棚

二、塑料大棚的类型、结构及建造

（1）类型　塑料大棚，按棚顶形状可以分为拱圆形和屋脊形两种，我国绝大多数生产用塑料大棚为拱圆形；按骨架结构则可分为竹木结构、水泥预制竹木混合结构、钢架结构、钢竹混合结构等，前两种一般为有立柱大棚；按连接方式又可分为单栋大棚和连栋大棚两种（图5-4）。

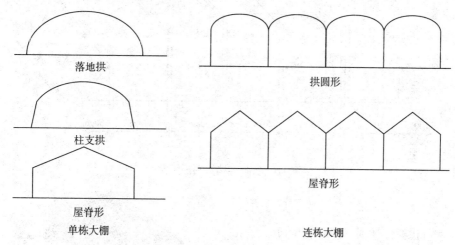

图5-4　塑料大棚的类型

（2）结构大棚　棚型结构的设计、选择和建造，应把握以下3个方面。

1）棚型结构合理，造价低；结构简单，易建造，便于栽培和管理。

2）跨度与高度要适当。大棚的跨度主要由建棚材料和高度决定，一般为8~12m。大棚的高度（棚顶高）与跨度的比例应不小于0.25。竹木结构和钢架结构拱圆大棚结构图，如图5-3~图5-5所示。

【提示】实际生产中塑料大棚的跨度和长度应根据当地生产习惯和管理经验具体确定，如寿光的竹木结构塑料大棚跨度和长度分别可达16m和300m以上，双连栋大棚跨度可在20m以上。

3）设计适宜的跨拱比。性能较好棚型的跨拱比为8～10〔跨拱比：跨度／（顶高－肩高）〕。以跨度12m为例，适宜顶高为3m，肩高不低于1.5m，不高于1.8m。如图5-6、5-7所示。

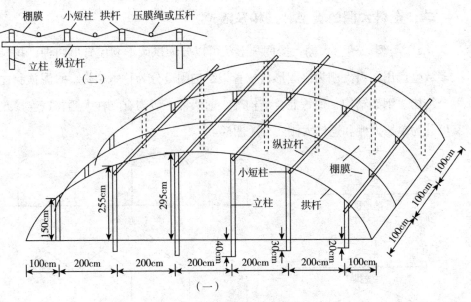

图5-5　竹木结构拱圆形大棚

拱棚设计图（50m×10m）

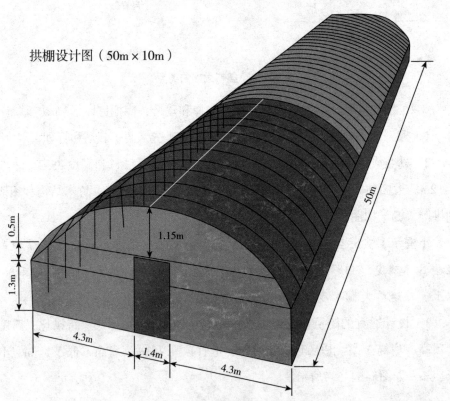

图5-6　钢架结构拱圆形大棚示意图

竹木结构大棚　　　　　　　　钢架结构大棚

简易连栋大棚

图5-7　寿光和昌乐地区典型西瓜塑料大棚

（3）建造

1）竹木结构塑料大棚。竹木结构塑料大棚主要由立柱、拱杆（拱架）、拉杆、压膜绳等部件组成，俗称"三杆一柱"。此外，还有棚膜和地锚等。

①立柱。立柱起支撑拱杆和棚面的作用，呈纵横直线排列。纵向与拱杆间距一致，每隔0.8~1m设一根立柱，横向每隔2m左右设一根立柱。立柱粗度为5~8cm，高度一般为2.4~2.8m，中间最高，向两侧逐渐变矮呈自然拱形（图5-8、图5-9）。

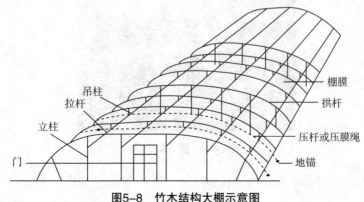

棚膜

拱杆

压杆或压膜绳

地锚

吊柱

拉杆

立柱

门

图5-8　竹木结构大棚示意图

图5-9　立柱安排及实例

②拱杆。拱杆是塑料大棚的骨架，决定大棚的形状和空间构成，并起支撑棚膜的作用。拱杆可用直径为3～4cm的竹竿按照大棚跨度要求连接。拱杆两端插入地下或捆绑于两端立柱之上。拱杆其余部分横向固定于立柱顶端，呈拱形（图5-10）。

图5-10　拱杆实例图

③拉杆。拉杆起纵向连接拱杆和立柱、固定压杆的作用，使大棚骨架成为一

个整体。拉杆一般为直径3～4cm的竹竿，长度与棚体长度一致（图5-11）。

图5-11 拉杆实例图

④压杆。压杆位于棚膜上两根拱架中间，起压平、压实、绷紧棚膜的作用。压杆两端用铁丝与地锚相连，固定于大棚两侧土壤。压杆以细竹竿为材料，也可以用8号铁丝或尼龙绳代替，拉紧后两端固定于事先埋好的地锚上（图5-12）。

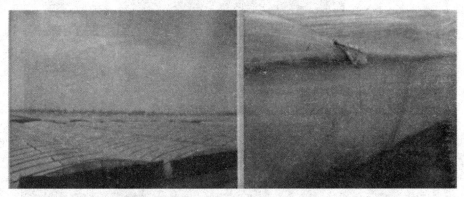

图5-12 压杆、压膜铁丝和地锚

⑤棚膜。棚膜可以选用0.1~0.12mm厚的聚氯乙烯（PVC）或聚乙烯（PE）薄膜及0.08mm厚的醋酸乙烯（EVA）薄膜、聚烯烃薄膜（PO膜）等。当棚膜宽幅不足时，可用电熨斗加热粘连。若大棚宽度小于10m，可采用"三大块两条缝"的扣膜方法，即三块棚膜相互搭接（重叠处宽大于20cm，棚膜边缘烙成筒状，内可穿绳），两处接缝位于棚两侧距地面约1m处，可作为放风口扒缝放风。如果大棚宽度大于10m，则需采用"四大块三条缝"的扣膜方法，除两侧封口外顶

部一般也需要设通风口（图5-13）。

图5-13　简易大棚两侧和顶部通风口

两端棚膜的固定可直接在棚两端拱杆处垂直将薄膜埋于地下，中间部分用细竹竿固定。中间棚膜用压杆或压膜绳固定（图5-14）。

图5-14　两端及中间棚膜的固定

⑥大棚建造时可在两端中间两立柱之间安装两个简易推拉门。当外界气温低时，在门外另附两块防风薄膜，以防门缝隙进风（图5-15）。

图5-15　两端开门及外附防风薄膜

【提示】大棚扣塑料薄膜应选择在无风晴天上午进行。先扣两侧下部膜，拉紧、理平，然后将顶膜压在下部膜上，重叠20cm以上以便雨后顺水。

寿光等地蔬菜生产中采用的上述简易竹木结构塑料大棚，具有造价便宜、易学易建、技术成熟、便于操作管理等优点，因而得到了广泛推广和应用。因此，农民朋友在选择大棚设施时不可盲目追求高档，而应就地采用价廉耐用材料，以降低成本、增加产出。

2）钢架结构塑料大棚。钢架结构塑料大棚的骨架是用钢筋或钢管焊接而成的。其拱架结构一般可分为单梁拱架、双梁平面拱架和三角形拱架三种，前两种生产上较为常见。单梁拱架一般以φ12~18mm圆钢或金属管材为材料；双梁平面拱架由上弦、下弦及中间的腹杆连成桁架结构；三角形拱架则由三根钢筋和腹杆连成桁架结构，如图5-16、图5-17所示。

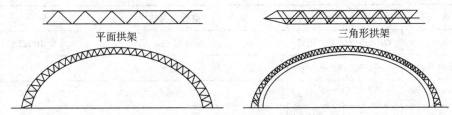

图5-16　钢架单栋大棚桁架结构示意图

图5-17　钢架大棚桁架结构

通常大棚跨度为10~12m，脊高为2.5~3.0m。每隔1.0~1.2m埋设一拱形桁架，桁架上弦用φ14~16mm钢管、下弦用φ12mm~14mm钢筋、中间用φ10mm或φ8mm钢筋作腹杆连接。拱架纵向每隔2m以φ12mm~14mm钢筋拉杆相连，拉杆焊接于平面桁架下弦，将拱架连为一体（图5-18）。

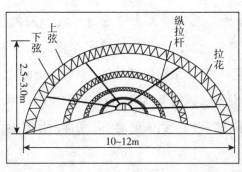

图5-18 钢梁桁架无立柱大棚

钢架结构大棚采用压膜卡槽和卡膜弹簧固定薄膜,两侧扒缝通风。具有中间无立柱、透光性好、空间大、坚固耐用等优点,但一次性投资较大。跨度10m、长50m的钢架结构塑料大棚材料及预算,见表5-1。

表5-1 跨度10m、长50m钢架结构塑料大棚材料及预算

项 目	材 料	数量或规格	总价/元
拱 架	32mm热镀锌无缝钢管	1822.3kg	10022.6
横向拉杆	32mm热镀锌无缝钢管	692kg	3806
水泥固定座		3.69m³	1107
薄膜	无滴膜	700m²	2100
推拉门		2个	500
压膜绳		4股320丝塑料绳或直径为4mm、每千克长度约74m规格的塑料绳	540
卡槽		180m	500
卡子		200个	100
合计			18975.6

第三节 日光温室的设计与建造

目前北方西瓜生产用日光温室多以寿光V形日光温室(图5-19)为范本建造,其结构主要由后墙和山墙、后屋面、前屋面和保温覆盖物四部分组成。温室东西方向,坐北朝南,偏西5°~10°。根据温室拱架和墙体结构不同一般可分为土墙竹木结构温室和钢拱架结构温室。

一、土墙竹木结构温室

该型温室是目前我国北方生产应用最广泛的温室，其不仅造价低廉。而且土建墙体的蓄热和保温效果良好，栽培效果较佳。典型的寿光土墙竹木结构温室如图5-20所示。

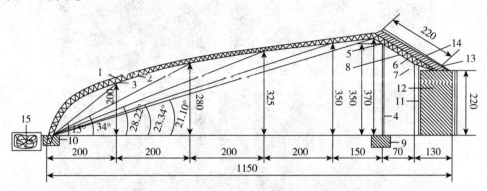

图5-19　寿光V形塑料日光温室示意图（单位：cm）

1-拱梁上弦钢管；2-拱梁下弦钢筋；3-拱梁拉花钢筋；4-镀锌钢管后立柱；5-钢管横梁；

6-后坡铁架东、西拉三角铁；7-后坡铁架连接后立柱的三角铁板；8-后坡铁架坡向三角铁板；

9-固定后立柱的水泥石墩；10-固立拱梁的水泥石墩；11-后墙砖皮泥皮；12-后墙心土；

13-后坡水泥预制板；14-后坡保温层；15-防寒沟

图5-20　寿光土墙竹木结构温室

（1）墙体　确定好建造地块后，用挖掘机就地挖土，堆成温室后墙和山墙，后墙底部宽度应在3m以上，顶部超过2m。堆土过程中用推土机或挖掘机将墙体碾实，碾实后墙体高度根据跨度不同一般为3.5～4.0m。墙体堆好后，用挖掘机将墙体内侧切削平整，并将表土回填。同时在一侧山墙开挖通道（图5-21）。

图5-21　墙体与通道

【提示】挖土堆墙以前，可先将20cm表土（属熟土）挖出置于温室南侧，待墙体建成后回填，有助于蔬菜栽培。并应注意前、后温室之间的间距，冬季前温室不能遮挡后温室蔬菜，间距以前温室高度（含草苫）的2倍为宜。

（2）后屋面　在后墙上方建造后屋面，后屋面内侧长度一般为1.5m左右，与水平角度为38°~45°。在北纬32°~43°地区，纬度越低后屋面角度可适当加大，反之角度减小。紧贴后墙埋设水泥立柱，用水泥立柱顶住后屋面椽头，之间以铁丝绑扎（图5-22）。

【提示】后屋面高度数值与跨度相关，一般跨度与高度比以2.2为宜。

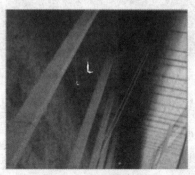

图5-22　后屋面立柱

（3）前屋面 竹木结构土建温室的跨度一般为10～12m，根据跨度大小前屋面埋设3~4排水泥立柱，立柱间隔为4m左右，立柱顶端与竹竿相连，起支撑棚面的作用。同时，在竹拱杆的上方每隔20cm东、西向拉8号铁丝锚定于两侧山墙。拉东、西向铁丝的主要作用是使棚面更加平整，同时便于棚上除雪等农事操作（图5-23）。

图5-23 温室前屋面

（4）薄膜、保温被与放风口 温室透明覆盖材料多采用保温、防雾滴、防尘、抗老化和透光衰减慢的乙烯-醋酸乙烯多功能复合膜（EVA膜）或聚烯烃薄膜（PO膜）；近年来，不透明保温材料由草苫等向保温性能更好的针刺毡保温被或发泡塑料保温被等方向发展（图5-24）。

图5-24 普通保温被和发泡塑料保温被

【注意】前屋面角度是指温室前屋面底部与地面夹角，在一定范围内，增大前屋面角可增加温室透光率。一般而言，北纬32°地区前屋面角（屋脊至透明屋面与地面交角处的连线）应在20.5°以上；北纬43°地区前屋面角应在31.5°以上。前屋面底角地面处的切线角度应为60°～68°。

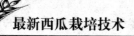

此外，日光温室建设中还应考虑适宜的前后坡比和保温比。前后坡比是指前坡和后坡垂直投影宽度的比例，一般以4.5：1为宜。保温比为温室内土地面积与前屋面面积之比，一般以1：1为宜，保温比越大，保温效果越好。

温室顶部留放风口。风口设置可通过后屋面前窄幅薄膜与前屋面大幅薄膜搭连，两幅薄膜搭连边缘穿绳，由滑轮吊绳开关风口（图5-25）。

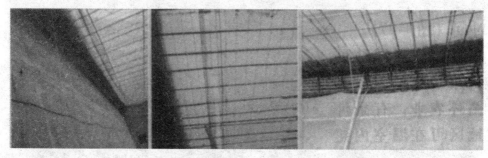

图5-25 放风口

（5）电动卷帘机 因其结构简单耐用，价格适中，可以大大降低劳动强度等优点而受到种植户的欢迎。寿光应用较多的折臂式卷帘机主要包括支架、卷臂、机头等部件（图5-26）。

图5-26 电动卷帘机

（6）其他辅助设施 温室的辅助设施主要包括山墙外缓冲间、温室沼气设备和光伏太阳能设备等。为防止冷风直接进入通道，也有利于存放生产资料，可以在一侧山墙外建缓冲间（图5-27）。

图5-27 缓冲杂物间

为充分利用秸秆等蔬菜垃圾，积极发展循环农业，有条件的地区可在温室内建造沼气设备。沼液、沼渣可作为有机肥还田，沼气可作为沼气灯燃料用于蔬菜补光。高档温室沼气设备如图5-28所示，普通温室用沼气罐和沼气灯如图5-29所示。

图5-28 温室沼气设备

图5-29 普通温室用沼气罐和沼气灯

此外，棚室蔬菜滴灌技术、二氧化碳施肥技术等新技术在部分地区得到了推广应用。二氧化碳发生器如图5-30所示。

图5-30　二氧化碳发生器

在规模化经营的现代农业公司提倡应用光伏能源转化发电，产生的清洁能源可广泛应用于温室蔬菜补光、加温等（图5-31）。

图5-31　温室光伏太阳能设备

【提示】对于温室栽培新技术的引进和应用，务必坚持先引进示范然后再行推广的原则，不可盲目迷信新技术，以免达不到预期效果，造成生产投入的浪费。

二、钢拱架结构温室

该型温室具有双弦钢管或钢筋拱架，双层砖砌墙体，这种墙体可以克服土建温室内侧土墙因湿度大易发生倒塌以及外墙易遭雨水冲刷等缺点，因而坚固耐用。其缺点是造价较高，因而不提倡一般个体种植业者采用。

同时，钢拱架由于曲度和支撑力均远高于竹竿，因此这种温室在保证前屋面更为合理的采光角度的同时，也提高了温室前部的高度，使温室内南边蔬菜的生长空间得以改善（图5-32）。

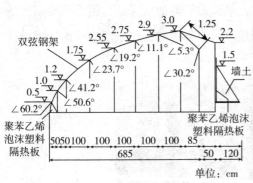

图5-32 钢拱架温室

（1）墙体 墙体建造有两种方法。一种是先砌两层24cm（一层砖厚12cm）厚砖墙，墙体间距1.5m左右，每隔2.8m左右加一道拉接墙将两层砖拉在一起，以防墙体填土撑开。为提高墙体整体承重，还需在墙体下部加设圈梁。在两层墙之间填土或保温材料，墙体顶部以砖砌平，水泥固化，应注意后墙顶部外侧高度应低于放拱架处高度，以免雨水从顶部渗入温室内部。另一种方法是和土建温室一样先堆土墙，然后在墙体内墙贴水泥泡沫砖，墙面抹水泥面出光，外墙则以水泥板覆盖，水泥抹缝。为节约成本，外墙体也可用废旧保温被或农膜覆盖（图5-33）。

图5-33 温室内、外墙体

【小窍门】北方地区温室后墙体和山墙厚度以保持在2m以上为宜，如果砖砌墙体厚度小于1m，则后墙蓄热和保温效果很难满足北方越冬茄果类和瓜类蔬菜生产。

（2）拱架 温室采用双弦钢拱架，即将钢管（$\phi 32mm$）和钢筋（$\phi 13mm$）用短钢筋连接在一起。根据温室跨度不同，一般每隔1.0~1.5m设置一个拱架。拱架之间每隔3m左右以东西向钢管连接。拱架上方每隔30cm左右东西向横拉8号铁丝锚定于东、西山墙上。

拱架上部放于后墙顶部水泥基座上，拱架后部弯曲要保证后屋面有足够大的仰角，以便于阳光入射屋面内侧，蓄积热量。拱架下端固定于温室前沿砖混结构的基座上（图5-34）。

图5-34　拱架上端和下端固定

（3）后屋面　温室顶部以一道钢管或角铁将拱架顶部焊接在一起，以保证后屋面的坚固性。后屋面建筑材料多为石棉瓦、薄膜、玉米秸等。外面覆盖水泥板，水泥板间预设绑缚压膜绳用的铁环，用水泥砂浆抹面，以防进水（图5-35）。

图5-35　后屋面内、外侧图

（4）其他设施　温室山墙外可设置台阶，以便上、下温室进行生产作业（图 5-36）。

图5-36　台阶

第六章　西瓜棚室高效栽培新技术

第一节　二氧化碳施肥技术

在寒冷的冬季，棚室作物生产时，为了保温需要常使大棚处于密闭状态，造成棚内空气与外界空气相对阻隔，棚内二氧化碳得不到及时补充。通常情况下空气中的二氧化碳含量在300毫克/千克左右，日出后半小时温室中二氧化碳浓度约为100毫克/千克，而蔬菜作物生长时所需二氧化碳浓度为1000毫升/千克左右。由此可见，保护地蔬菜作物处于缺少二氧化碳的饥饿状态，作物光合作用进行得非常缓慢，严重影响作物的产量和品质，此时增施二氧化碳气肥，不仅有利于蔬菜高产，而且可改善品质，促进早熟。生产上常见的二氧化碳施肥方法有以下几种。

一、增施有机肥

土壤中大量施用有机肥料，不仅可以为作物提供必要的营养物质，改善土壤的理化性质，而且有利于有机物分解释放出大量二氧化碳，这是我国温室增施二氧化碳的常见方法。

二、化学方法增施二氧化碳

即利用碳酸盐与强酸反应产生二氧化碳气体。具体做法：浓硫酸与水按体积比1∶3配制稀释，即先将3份水放入敞口塑料桶内（禁用金属容器），再将1份浓硫酸沿桶壁缓慢倒入水中，随倒随搅。严禁将水倒入浓硫酸中。自然冷却后备用。称取一定量的碳酸氢铵放入较大的塑料容器内，将稀硫酸分次加入，加完为止，经反应产生的二氧化碳直接扩散到棚内。用毕后的废液兑水50倍以上直接追肥用。按100米³空间计算，要使二氧化碳浓度达到1000毫克/千克，需用碳酸氢铵350克、浓硫酸110克。一般每40～50米²设置1个罐头瓶或非金属器皿，悬挂在

距地1.2米处。早上揭苫后放风前，一次性施放。这也是目前最常用的生产二氧化碳的方法。

三、施固体二氧化碳气肥

目前使用较多的是宁夏宏兴生物工程有限公司生产的"志国"牌双微二氧化碳气肥。使用方法：只需在大棚中穴播，每次每亩10千克，埋深3厘米。棚室内气温达到18℃以上产气量最大，1个月埋施1次。一般每亩棚室一茬作物施用量30千克，增产可达到20%以上。这种方法安全、简单、省工、无污染，是一种较有推广和使用价值的二氧化碳施肥新技术。

四、燃烧释放二氧化碳

通过在棚室内燃烧煤、油等可燃物，利用燃烧时产生的二氧化碳作为补充源。使用煤作为可燃物时一定要选择含硫少的煤种，避免燃烧时产生的其他有害物对蔬菜品质的影响。

五、物理方法

采用干冰、液态二氧化碳释放气体。干冰是固体二氧化碳，便于定量施放，所得二氧化碳气体纯净，但是成本高，不易贮藏和运输；施放液态二氧化碳必须使用高压钢瓶贮运和施放。

六、二氧化碳施肥注意事项

1. 施肥时期

苗期施二氧化碳，可缩短苗龄，加速发育，壮苗效果十分明显；可提早使花芽分化，提高早期产量。定植后至缓苗前不要施二氧化碳，缓苗后施用时要控制二氧化碳用量，以防植株徒长。一般果菜类在定植至开花阶段，最好不施二氧化碳，待到开花坐果时，特别是果实迅速膨大时，是二氧化碳施肥的最佳时期。

2. 施肥时间

应在每天揭苫后半小时开始施用，保持1～3小时，在通风前半小时停施；施二氧化碳肥以后，根系的吸收能力提高，生理机能改善，施肥量应适当增加，但避免肥水过大造成作物徒长。保护地生产应注意适当增加磷、钾肥，瓜类适当增施氮肥。

3. 施肥期温度、光照的控制

在保护地进行二氧化碳施肥时，作物对温度的要求也相应提高。如二氧化碳浓度达1000毫克/千克时，白天气温相应提高3～4℃，上半夜温度比正常情况略高些，下半夜则略低些，以提高白天二氧化碳施肥效果。施肥停止后，按正常温度要求管理，应根据天气和光照强弱进行二氧化碳施肥。一般光强时二氧化碳浓度应高些，光弱时二氧化碳浓度应降低，阴雨天停止使用。

第二节　棚室西瓜膜下滴灌技术

滴灌是以色列发明的灌溉技术，目前已在世界各地推广应用，尤其是发达国家应用十分普遍。在我国日光温室内主要是选择膜下滴灌技术，即在滴灌带或滴灌、毛管上覆盖一层地膜。这种技术是通过可控管道系统供水的，首先将水加压，经过过滤设施，再将水和水溶性肥料充分融合，形成肥水溶液，进入输水干管、支管、毛管，再由毛管上的滴水器定时定量滴水供根系吸收。

一、滴灌技术的优点

滴灌既提高了水的利用率，又可避免发生地表径流和渗漏，具有明显的节水保墒效果；减少了肥料的淋湿，可实现精准施肥，提高了肥料利用率；可减轻劳动强度，灌水均匀，方便田间作业，节约了劳动成本；有效改善棚内环境，降低空气湿度，减少病害发生；改良土壤理化性状，提高产量，改善品质，增产增效。

二、滴灌系统的构成

单井滴灌施肥系统最常见也最便于操作，由水源、首部控制枢纽、干管、支管、毛管和滴头6部分组成，大棚中常用水源有机井水、蓄水池、自来水等，含沙的水源要经过除沙处理。水源一般设在大棚东侧或西侧山墙附近，根据地下水的深浅配置离心泵或潜水泵。首部控制枢纽包括潜水泵、压力罐、过滤施肥器等，分别用于控制水源、施肥、过滤等。

干管是指由水源引向田间的输水管，多使用直径60毫米的PVC管；支管是指由干管引入菜地的输水管，多使用直径30毫米的PE管；毛管是指铺设在田间的

滴灌管。目前，大棚多采用垄畦种植，毛管被覆盖在地膜下，每行作物铺设一条毛管，毛管与支管用旁通连接。现在普遍采用毛管与滴灌器结合在一起的滴灌带或内镶式滴灌管，安装使用十分方便。

三、滴灌系统对水质及管件的要求

要求井水清亮无泥沙，符合我国农业灌溉用水标准。并根据灌溉面积来确定井、潜水泵、过滤器及其他配套管件的数量、大小、规格等，所需的各种配套物资均须达到国家规定的标准。灌溉时管道内的水压达到152~203kPa即可，各滴水孔滴水必须均匀。

四、滴灌系统的设计与安装

1. 首部控制枢纽的安装

先把潜水泵放到机井水面以下3~5米处，再把潜水泵的出水管与压力罐的进水管连接好，然后把压力罐的出水管和干管连接好，并把压力罐上的压力表调至152~203kPa。注意潜水泵、压力罐、过滤施肥器三者应按水流方向连接。

2. 滴灌管道的铺设

要根据机井的位置和田间蔬菜生产的布局来确定干管铺设的方位，方位确定后将干管埋入地下50厘米土层中，并在预定位置用带有球阀的三通将干管引出地面，然后用过滤施肥器把干管与支管连接起来，西瓜、甜瓜定植前再把支管与毛管连接好。注意应将滴灌毛管顺畦间铺于小高畦上，出水孔朝上，将支管垂直方向铺于棚中间或棚头。在支管上安装施肥器，为控制运行水压，在支管上垂直地面连接1条透明塑料管。以水柱高度60~80厘米的压力运行，防止滴灌带压力过大，安装完毕打开水龙头运行，查看各出水孔流水情况，若有水孔堵住。用手指轻弹一下，即会令堵住的水孔正常出水。检查完毕，在滴灌软管上覆盖地膜以控制棚内株间湿度。

五、滴灌使用技术

1. 滴灌前的准备

先检查滴灌设备是否完好，有故障要及时排除，尤其是过滤器上的滤网要清洗干净。启动后的检查：检查压力是否能够达到滴灌要求，滴水量和滴水速度是否均匀一致。

2. 施肥器的使用方法

施肥方法有三种形式：一是施肥罐法，采用分水器将肥料溶液压入管道；二是文丘里施肥器法，将肥液吸入管道；三是泵侧吸法，在使用离心泵的条件下，在吸水管靠近水泵处接三通细管，将肥料液吸入管道。小型施肥罐和文丘里施肥器的操作十分简单。先将定量的肥料放入罐中，再加入水溶解肥料。然后把施肥器带有滤网的一端放入容器内的肥料水中，关闭罐的进水阀，待棚内全部滴头正常灌水10分钟后，打开罐的进水阀、出水阀，调节调压阀，使施肥速度正常、平稳。施肥后还要灌水20分钟。使用文丘里施肥器时，将肥料放入敞开的容器中，用水溶解后，调节调压阀把肥料液吸入管道。施肥前后都要保持一定时间的滴水。滴水时间的长短要根据土壤墒情、天气状况以及作物不同生长阶段对水分的需求量而定。滴灌时间：滴灌一般在上午10时左右进行最好，这样既能满足蔬菜作物对水分的需求，又能促进作物对养分的吸收。

3. 滴灌系统使用注意事项

采用滴灌施肥时，应选用滴灌专用肥或速效性肥料，不能完全溶解的要先滤去未溶解颗粒，再倒入施肥罐。大部分磷肥因不溶于水应基施，氮肥和钾肥可利用滴灌追施。在自配肥料时，要防止微量元素肥料及含钙、镁元素肥料与磷肥结合形成沉淀物，施肥时，待滴灌系统正常运行后，再向施肥罐内注肥，以防止施肥速度过快或过慢造成施肥不均或施肥不足。滴灌系统运行一段时间后，应打开过滤器下部的排污阀排污，施肥罐底部的残渣要经常清洗。每次运行，需在施肥完成后再停止灌溉。施肥是否完成可通过滴灌专用肥的颜色变化来确定，灌溉施肥过程中。若发现供水中断，应尽快关闭施肥罐上的阀门，以防止肥液倒流。施肥后，应继续灌清水一段时间，以防化学物质积累堵塞孔口。每一灌溉季节过后，应将整个系统冲洗后妥善保管，以延长其使用寿命。

六、西瓜滴灌栽培技术

大棚西瓜应选择土层深厚、有机质含量丰富的沙壤土，要求每亩施入5000～7000千克腐熟有机肥、优质复合肥50千克，最好开沟集中施入。软管滴灌栽培以小高畦为宜，畦高20厘米，畦距60～150厘米，畦面宽80～90厘米，畦沟宽60～70厘米，畦南北向，畦面平整，土壤表层颗粒细碎。垄面上再开沟，沟呈"U"形槽，垄面上的"U"形槽两侧铺设好滴灌带。起垄时一定要做到垄面平

整，略压实。地膜直接覆在垄面上，用打孔器打孔定植时按不同作物的株距将幼苗定植在"U"形槽两侧。

西瓜滴灌技术水肥管理的一般规律是苗期灌溉施肥的次数较少，生长旺期和盛采期灌溉施肥的次数较多。苗期灌水1~2次，每次灌水4~5米^3/亩。基肥充足时不施肥；基肥不足时，每次施肥2千克/亩（折纯）。在作物开花至坐果生长旺期，逐渐增加灌溉次数和施肥量。在盛采期，5~7天灌水一次，每次灌水8~9米^3/亩，每次施肥3~4千克/亩。除施用氮、磷、钾肥外，还应配合施用微量元素肥料。滴灌施肥量约为习惯施肥量的2/3。在肥料分配上，适当减少基肥用量，加大追肥比例；减少每次追肥量，增加追肥次数。作物生长前期N：P：K比例一般为1：0.5：1，盛采期N：P：K为1：0.3：1.2。土壤湿度控制方法是在土壤中安装一组15~30厘米的土壤水分张力计，以观察各个时期的土壤水分张力值，滴水指标以滴水开始点土壤水分张力的对数（pF）表示。在张力计上可直观读出，达到滴水开始点，并结合天气状况、生长势等因素决定是否滴水。西瓜适宜的灌水指标为：营养生长期pF 1.8~2，开花授粉期pF 2~2.2，结瓜期pF 1.5~2，采收期pF 2.2~2.5。灌水量可用灌水时间控制，并结合天气、植株长势等因素决定灌水时间的长短。平时灌水时间每次2~2.5小时。

第三节　秸秆生物反应堆技术

秸秆生物反应堆技术是指在温室或大棚设施农作物生产的低温季节，利用微生物分解发酵废弃的农作物秸秆过程中产生农作物生长所需的热量、二氧化碳、有益微生物群、无机和有机养分的技术，是传统技术与现代技术融合产生的农业新技术。

一、秸秆生物反应堆的优势

棚室采用秸秆生物反应堆及疫苗技术栽培甜瓜，较普通栽培具有如下优势：一是农药、化肥用量减少，降低生产成本，增产增效作用显著；二是病虫害明显减轻，生物防治效应显著，甜瓜疫病、枯萎病发病率明显减轻；三是显著提高气温和地温，有效缓解倒春寒的危害；四是能显著提高大棚内的CO_2浓度，促进甜瓜的生长发育进程，植株节间短而粗、长势壮、叶片厚，最大限度地提高甜瓜产量和品质；五是有效解决了秸秆的处置问题，改善生态环境，增加土壤肥力，改善土壤结构，降低土壤盐渍化程度，使土壤的理化性状显著提高。

二、秸秆生物反应堆的分类

分为内置式反应堆和外置式反应堆两种，内置式反应堆又分为行下内置式和行间内置式。在作物栽培前将秸秆埋在栽培畦下，称行下内置式反应堆；若将秸秆埋在栽培畦之间，称行间内置式反应堆。外置式反应堆：秸秆堆在温室山墙边上，上盖棚膜，地下顶挖沟槽，通过送气带将二氧化碳送到温室内。在我国大部分地区主要以行下内置式反应堆为主。

三、内置式反应堆制作技术

1. 操作时间

在作物定植前10～15天将反应堆建造完成，否则作用表现会错后。

2. 秸秆和其他物料用量

秸秆每亩用3000～4000千克，秸秆不必切碎，但要用干料，种类不限，玉米秸、麦秸、稻草等均可。麦麸每亩120～150千克（缺少麦麸可用玉米糠和稻糠替代，其用量要适当增加），饼肥每亩100～150千克，农家肥每亩4～5千克。

3. 菌种、疫苗用量

每亩用菌种8～10千克，疫苗3～4千克。

4. 菌种、疫苗使用前的处理

以麦麸为培养基对原菌种进行活化。菌种：麦麸：水=1：15：13，混拌均匀，用水量以手握紧料后指缝水悬而不滴为宜。活化时间为10～12小时，菌种活化后如果当天使用不完的，摊放阴暗处，厚度5～8厘米，第二天继续使用。堆放在预先准备好的1块塑料薄膜上10天左右，再平摊8厘米厚于背阴处。5～7天后再用，其间当温度达到50℃时翻堆2～3次。在配制好的疫苗反应堆上，每隔20厘米左右打1个直径4厘米左右的孔，以利于有氧发酵。

菌种和植物疫苗使用时有几点不同：一是应用地方不同，菌种是撒在秸秆上分解秸秆，而植物疫苗是接种在表土层内，由病毒和有益菌两部分组成，防治土传病害和根结线虫；二是菌种可现拌现用，用不完摊放在背阴处第2天再用，而植物疫苗要提前处理。

四、西瓜秸秆反应堆的应用

1. 整地施肥

将腐熟的农家肥（以马、牛、羊等草食动物粪肥为好）均匀地撒施于地表，然后翻耕整平待用。

2. 开沟

在栽植行间挖沟，根据畦宽确定沟宽，一般比西瓜种植行窄10厘米，沟深20~25厘米，沟长与栽植行等长。

3. 填放秸秆（秸秆不用处理）、菌种

秸秆和菌种的填放有以下两种方式。

（1）将硬质秸秆放底层，渐次放软质秸秆。填放秸秆高度为1~20厘米，南北两端让部分秸秆露出地面10厘米秸秆茬（以利于往沟内通氧气）。填放秸秆半沟深时踩实，撒入第1层活化后菌种，用每沟菌种施用量的1/3，然后再放入第2层秸秆，踩实后适量加入有机肥，再撒入剩余的2/3菌种。一般每畦秸秆用量50~60千克。

（2）将秸秆顺沟交错铺放，铺满、铺平、踏实后与地面持平，两端要露出沟外10厘米高的秸秆茬。将拌好的菌种按每沟用量均匀撒施在秸秆上，然后用锨拍振，使活化菌种均匀散落在秸秆缝隙内。

4. 覆土浇水

将开沟挖出的土覆于秸秆上，在垄内浇大水湿透秸秆，水面高度达到畦高的3/4。但要防止水面过高，以免垄土板结，影响栽种。2~3天后整平，使秸秆上的土层厚度保持在20厘米左右。覆土不能太薄，也不宜太厚，否则影响效果及增产幅度。

5. 撒放疫苗

浇水3~4天后，将提前处理好的疫苗撒在畦面上，并与10厘米表土掺匀，畦面拍打平整做成瓜垄后，最好铺设滴灌软管，或修好膜下灌水沟，随后覆盖地膜。

6. 打孔

浇水后4~6天，反应堆已开始启动。这时要沿瓜垄及时打孔。以通气散热，增加二氧化碳的气体排放。孔距20~25厘米，孔径不小于3厘米，从栽培床两侧向内斜穿，深度要达到秸秆底部。以后每逢浇水后。气孔堵死，都必须再打孔，打孔位置与上次错开10厘米。

7. 定植

10～15天后土层地温稳定在15℃时进行移栽定植。在第一次浇水湿透秸秆的情况下，定植时不要再浇大水，缓苗只浇小水即可，若墒情足也可不浇水。

五、秸秆反应堆使用注意事项

（1）浇水时不要冲施化学农药，特别要禁冲施杀菌剂，但地面以上可喷农药预防病虫害。

（2）减少浇水次数，整个冬季浇水要比常规次数减少1～2倍。一般20～25天浇1次，浇水坚持不旱不浇的原则。有条件的，用微滴灌控水增产效果最好。

（3）前2个月不要冲施化肥，以避免降低菌种、疫苗活性，后期可适当追施少量有机肥和复合肥（以化肥作追肥，每次用量减少60%以上，结果前以尿素为主，以后可配合氮、磷、钾肥混合使用）。需要注意的是，若原来棚室土壤施肥过量，要少追肥或不追肥。发酵初期地温短时间内可能会偏高，影响根系发育，导致西瓜植株出现徒长。一旦出现地温偏高现象，就立即向畦面浇水，停止打孔，并加大棚室放风量。

第七章 无子西瓜的育种、栽培品种与良种繁育

第一节 无子西瓜的育种

培育无子西瓜有多种途径。选育可以用种子种植的无子西瓜品种，目前主要有两种方法：一种是利用染色体易位，使杂交种成为杂合易位体，因而无法产生正常的性细胞，达到胚不育，形成无子果实；另一种方法是利用三倍体形成性细胞时染色体的随机分离，使染色体组不完整，无法形成正常的性细胞，达到胚不育，从而形成无子果实。上述的易位法，目前还处于研究阶段，不能应用于生产。因此，这里主要是介绍三倍体无子西瓜的育种。

一、影响获得四倍体西瓜的因素

三倍体无子西瓜是通过四倍体西瓜和普通二倍体西瓜杂交产生的。要想得到三倍体无子西瓜，关键是获得四倍体西瓜。

四倍体西瓜是把普通二倍体西瓜通过人工诱导，使其体细胞染色体组加倍，变成具有四组染色体的四倍体西瓜。四倍体西瓜偶尔也可在大田普通西瓜中自然发生，如在早花、新青等品种的大田植株中，发现过四倍体的自然变异株。但是，自然发生四倍体的概率极低，而且所发生的变异品种，也不一定是人们需要的优良品种。因此，这就需要按育种者的需要，有目的地选用优良的二倍体品种，作为诱变的亲本，进行人工诱变。自然发生的四倍体西瓜，可能几年都不会产生，也可能几万株甚至几十万株也不一定发生1株，而人工诱变，则可以使发生四倍体西瓜的概率提高，有时诱变发生四倍体的概率可以达到1/10～1/5。

人工诱导二倍体植物变为四倍体植物，方法很多，可有物理、化学、机械、组织培养等方法。物理法如极度的高温或低温或射线等因素。在自然界发生四倍体变异，有一种可能就是因为一些强烈的外界因素的影响，产生了n=2x的配子，或苗期引起生长点分生组织发生体细胞自然加倍。但这种造成染色体加倍的情况因作物不同而异，而且也难以掌握，一般不采用。化学方法就是采用化学药剂，使之渗入植物细胞，阻止正在分裂的细胞纺锤丝的形成，使染色体不能分向两极，由于细胞中止分裂而形成一个重组核（染色体复制加倍的细胞核），待化学药剂作用消失后，植物细胞以这个重组核的形式进行正常有丝分裂、分化，形成染色体加倍的植株。机械法即通过对植物反复摘心或其他机械损伤，使植物受伤部分可能诱导产生多倍体胚性细胞，发育成多倍体不定芽，并进而发育成多倍体枝条。组织培养法是利用植物具有旺盛分裂能力的组织，进行离体培养，也能诱发产生多倍体。一些育种单位已育成一些通过组织培养诱导成的四倍体西瓜品系。

但人工诱导四倍体最常用的、最有效的还是化学药剂诱导法。可以诱发植物染色体加倍的药剂有除草剂类的"富民隆"（Fu-miren，对甲苯砜苯胺基苯汞），用它诱导染色体加倍，在蔬菜上有许多成功的例子；除草剂"奥瑞再林"（Oryzalin，安磺灵和敌草隆的混合剂），应用于诱导西瓜甜瓜染色体加倍，具有非常好的诱变效果，诱变成功率甚至可达到50%；除草剂"黄草消"（Surflan）也含有Oryzalin的成分，使用万分之几的浓度就能成功诱导染色体加倍。但应用较普遍而且有效并容易购得的化学药剂当推"秋水仙素"。过去有人把它称为秋水仙碱，后来证实这种药剂不是植物碱，因而称为秋水仙素。秋水仙素不溶于热水，溶于凉水和酒精。将它配成一定浓度的药液即可应用。

使用秋水仙素，由于处理的方法、时机、药剂浓度、处理时的温度以及所选品种不同等原因，诱变成功的概率有很大差异，也不一定每次诱变都能成功，有时还会发生二倍体组织和四倍体组织的嵌合体，或发生"饰变"，即处理的当代植株从形态上看似乎变成了四倍体，但到下一代，它又恢复到二倍体状态，有时可能引起一再加倍，成为超四倍体。影响诱导效果的因素大体有以下几个。

1. 处理时机　由于秋水仙素只对正在分裂的细胞有影响，而对相对静止状态的细胞没有作用。因此，用秋水仙素进行处理时，应选细胞分裂最活跃的部位和正旺盛生长的时期。西瓜细胞分裂最活跃的是萌动的种子、生长点等分生组织旺盛分裂分化的部分。西瓜细胞分裂盛期，随环境温度的升降而有差异。在30~35℃温度条件下，西瓜茎尖和幼叶细胞分裂高峰时间为6~7时，12~13时，

18～19时，半夜24～1时。因此，处理西瓜生长点的理想时机应在生长点体细胞有丝分裂前。特别在处理后，为使细胞和植株恢复正常分生能力，应保持30～35℃适于快速生长的较高温度。

2. 药剂浓度　药剂浓度对诱变效果有直接的影响。浓度过高，容易发生药害，致使处理材料死亡；浓度过低，又不起作用。诱变四倍体西瓜的适宜药剂浓度，以0.1％～0.4％最为有效。采用哪种浓度，与处理时的温度有关。一般说来，温度高，应采用较低的浓度；反之，则采用较高的浓度。

3. 生长点细胞分裂的强弱　这也与温度有关。在一定的限度内，温度越高，诱变成功的可能性越大，但并不是温度越高越好。温度过高，生长点分裂过旺，植株生长过快，则适当的浓度就难以抑制细胞的分裂。这时，如果为了抑制细胞分裂，促使其染色体加倍，而再提高药剂浓度，就会造成毒害。但是，如果药剂浓度适宜，而处理时温度过低，则细胞活动能力减弱，发生多倍体的速度就慢。所以，诱变恢复期时温度要适宜，一般以25～35℃为宜。

4. 幼苗苗龄　对被处理的幼苗而言，幼苗出土后，处理的时间越早，获得全是四倍体细胞的数目就多；反之，所获得的则大多数是混杂的，即混倍体和嵌合体。

5. 处理时间的长短　药剂作用于幼苗的时间长短对诱变的效果有较大的影响。处理时间过短，往往只有少数细胞的染色体组加倍，大多数细胞仍停留在二倍体状态。二倍体细胞分离速度比四倍体快，刚变成的少数四倍体细胞，就会因受到二倍体细胞的抑制而使发育受阻，因而不可能发育成全部由四倍体细胞构成的组织，造成诱变失败。如果处理时间过长，又会因药害而导致处理材料死亡，或造成染色体的再加倍。若是造成再加倍，就可能产生八倍体植株。对于这种西瓜而言，它的染色体组倍数，并不是越多越好，而是有一定限度的。像西瓜这样的植物，四倍体水平会产生一些优良的特性，如果倍数再高，则植株发育不良，甚至出现畸形，看不出有什么应用价值。

6. 品种和个体不同　不同的品种，对人工诱变的反应是不同的。有的品种在处理后很容易变为四倍体，有的品种则不易诱变成功。同样，不同的品种对多倍性的反应也不同，甚至同一个品种的不同个体，其多倍性反应也不同。有的性状变得优良，有的则性状变劣。因此，人工诱变四倍体西瓜时，应处理较大的群体，以尽可能多地得到四倍体变异株，以利于从中选择优良变异株并做进一步的选育，以育成具有优良性状的四倍体品系。在育种实践中，通过对大量不同品种的人工诱变，认为日本的二倍体西瓜品种比较容易变为四倍体。

二、人工诱变四倍体西瓜的方法

1. 浸种法　先用清水浸种12小时，然后放入0.2%～0.4%浓度的秋水仙素药液中浸种，处理时间为24～96小时，因品种不同而异。种子用药剂浸种处理后，再用流动的清水冲洗20～30分钟，即可催芽播种育苗。

2. 滴苗法和浸苗法　将准备处理的二倍体西瓜种子在温床或塑料小拱棚内育苗，幼苗出土后，即可用0.2%～0.4%浓度的秋水仙素药液点滴生长点。每天早晚各点1次或每天早晨点1次，连续点4天。滴生长点时，不可滴得太多，以免药剂顺胚轴流下，以滴上1滴、使水珠停留在生长点上为度。滴苗后应遮荫，使药液尽可能在生长点上多停留一些时间。

和滴苗法相似的还有倒置浸苗法。常规浸种时容易浸泡胚芽（胚根），使胚芽受到药剂的毒害，而不能很好地发芽和发育成胚根，而倒置浸苗法，因只浸泡处理发芽种子的子叶和生长点，不浸泡胚根，可避免药剂对胚根的伤害。具体方法是对处理种子进行浸种催芽，当幼根长度为1.5厘米时，将子叶部分浸入0.4%浓度的秋水仙素药液中，根尖朝上，放入30℃恒温箱中，时间为当天上午11时放入至第二天早晨8时取出，用流水冲洗1～2小时，播在盛有疏松营养土的营养钵中育苗。这种方法变异概率高，而且由于根系未受药液处理，变异株的成活率也高。

3. 涂抹法　将秋水仙素药液3毫升与10克羊毛脂混合，或用配制好的10%～20%的秋水仙素药液用羊毛脂膏调匀，涂于刚出土、子叶已展开的西瓜幼苗生长点上，不要涂在子叶上，以免子叶因药液毒害而干枯，造成死苗。这种方法比较简便，涂抹1次即可。

用秋水仙素药液处理幼苗时，不要使药剂弄到手上，如不小心将药剂沾到手上，应立即用清水洗净，以免造成伤害。

三、四倍体西瓜的鉴别和选育

西瓜幼苗在经过药剂诱变处理后，生长明显受到抑制。经过一段时间以后，随着幼苗的长大，会发现有的植株变得叶片肥厚，刚毛粗硬，节间变短，分枝力弱，生长缓慢，花器变大，这种变异有时表现在整个植株上，有时则只发生在一条瓜蔓上，有时即使一条瓜蔓发生了变异，但在某些节上却仍表现出二倍体状态。因此，应细心观察，把那些具有四倍体特征的变异植株或变异的瓜蔓鉴别出来，对它进行自交留种。在自交时，要选用大的雌花，用大的雄花进行授粉。因为大的雄花有可能是四倍体雄花，而小的雄花则可能是二倍体雄花。如果用小雄花花粉授粉，就可能使已变为四倍体的雌花产生具有三倍体胚的种子。如果有条件，可用袖珍显微镜在田间授粉时镜检花粉粒，如果发现花粉粒具有四个发芽孔，就说明它已变为四倍体了。

由于变异株有时并不是全株变异，而是嵌合体，为了最大限度地获得变异茎蔓，可对主蔓留3~4叶后打顶，促使茎基部发生多条侧蔓。在这些侧蔓中，会出现具有四倍体特征的枝条，然后注意采用自交措施。

果实成熟后，将其剖开，如见果皮增厚，种子变少，种子由二倍体嘴部较尖而变为嘴部较宽，近方形或长方形，并且大而饱满，就可基本确定，它已被诱变成四倍体了。

对被处理材料最终是否真的变为四倍体，应当做出确切的鉴定。鉴定有直接鉴定和间接鉴定两种方法。

1. 直接鉴定　对已获得的变异种子催芽，然后用显微镜进行染色体计数。二倍体西瓜为22条染色体，即$2n=2x=22$，而四倍体则为$2n=4x=44$。这是最直接的鉴定方法，但染色体计数需要一定的设备条件和技术。因此，在育种实践中，采用间接鉴定法，也基本可以确定是否发生了四倍体变异。

2. 间接鉴定　一是看植株形态是否发生了变异。因为不同倍性水平的西瓜，在形态上具有明显不同的特征，根据这些特征，基本可以把四倍体鉴别出来。二是通过显微特征鉴定，如镜检气孔保卫细胞的大小和数量、花粉粒的大小和发芽孔数目等，也可基本确定是否已变成四倍体。三是通过与二倍体杂交进行测定，可以用变异株或被认为已变成四倍体的雄花，对二倍体雌花授粉，如果不坐瓜，或所坐瓜成熟后，只有白秕子或着色秕子，即证明处理过的植株已成为四倍体了；或者在所处理的当代植株中，已得到很像四倍体的种子后，在第二代用二倍体雄花对其授粉，所得的种子如果是较瘪的三倍体种子并种出了无子西瓜，则可确认已经获得了四倍体西瓜。

刚诱变获得的四倍体西瓜，由于染色体数目的倍增，固然会带来一些多倍体植物的某些优点，但因为新四倍体失去生理平衡也会出现一些缺点，如种子孕性过低、种子数量太少、果皮过厚、果形不良或果内有异味等不良性状。这就需要对刚获得的四倍体进行系统选育，直至育成优良的四倍体品系。

四、对二倍体诱变亲本西瓜品种的选择

二倍体西瓜用秋水仙素处理后可诱变出四倍体西瓜，但并不是任何一个二倍体品种都会变成优良的、可以用来作三倍体无子西瓜母本的四倍体西瓜。因此，对准备诱变的二倍体品种应当进行严格的选择。

1. 应选择纯合程度较高的二倍体品种　这样诱变成功的四倍体性状比较稳定，容易选育出稳定而优良的四倍体品系。如果用杂交品种进行诱变，当它变为四倍体后，其后代中的纯合植株只有1/36，所以选纯比较困难。

2. 选品质优良的亲本　应尽可能选用含糖量高、综合性状优良的二倍体品种作为诱变亲本。

由于多倍化效应会使某些组织增厚，因此应选用那些果皮薄、种皮为白色、种皮软、种子小的二倍体品种作为诱变亲本。应选用种子较多，不空心的二倍体品种。

3. 避免用大种子或大果型的二倍体西瓜作诱变亲本　因为大种子在成为四倍体后种子更大、种皮更厚，用它配制的无子西瓜白胚也大，影响品质。而大果型二倍体西瓜在变成四倍体后，由于同源四倍体孕性降低，因而果实大、种子少，采种很不经济。

4. 采用诱变后能增强抗性的品种　由于四倍体西瓜染色体数倍增加，对于某些由多基因控制的抗性，将会由于"剂量效应"而使抗性大为提高。但对于单基因控制的抗性多倍化后，抗性不会增进。因此，采用前面的抗性材料进行诱变是有益的。

五、三倍体无子西瓜的特点和要求

三倍体西瓜是多倍体水平上的杂交一代。它具有两个优势：一是在组合适当情况下的杂交优势；二是多倍体优势。因此，三倍体无子西瓜不仅无子，而且品质优良、含糖量高、适应性强，能抗病丰产。

由于它是杂交一代，所以普通二倍体西瓜杂交一代的育种程序和原理，在

这里也基本适用。如亲本选择、测交的原则、杂交技术、留种制种的程序和杂交一代的利用方式等，它是多倍体水平上的杂种一代。对于这个刚建立起来的杂交种，由于其染色体数量的改变，也必然带来生理上的改变，从而出现一些异常现象。如三倍体种子发芽率低，种胚发育不完善、不充实，在30℃温度以下难以发芽，低节位坐果，着色秕子多，果皮增厚等。但无子西瓜要进行经济栽培，果实要无核，要成为优良的果品，这就对三倍体无子西瓜提出了一定的标准和要求。

1. 对于果实性状的要求　果形圆整，果肉颜色美观，肉质细嫩紧实，多汁而爽脆，不空心，折光糖含量在11%以上，甜度分布均匀，果皮厚度约1厘米，未发育成种子的白秕子要小而少，完全没有着色秕子。果实作为商品，还应考虑其性状符合市场消费心理和消费习惯。

2. 对栽培性状的要求　要求采种率高，种子发芽率高，成苗率高，植株适应性强，具有较高的抗性，坐果稳定，连续坐果能力强，栽培容易。

3. 选育无子西瓜品种的主要指标　制种用的四倍体母本种瓜，用二倍体杂交后所得的种子数量在150粒左右，三倍体种子发芽率在85%以上。三倍体西瓜应当果肉颜色鲜艳、质脆细、不空心，不能有着色秕子，瓜内的白秕子少而小，长×宽应在0.6毫米×0.4毫米以下，折光糖含量在11%以上，皮厚约1厘米。

这些指标，一般来说也是无子西瓜的主要目标。至于产量指标，固然重要，但这一指标并不是普遍追求的目标。选育小果型的无子西瓜，其产量难以和大果型无籽西瓜相比，因此也就难以确定一个统一追求的产量指标。

为了达到以上这些要求，亲本选择和组合选配，就成了三倍体西瓜育种的关键。

虽然四倍体西瓜和二倍体西瓜杂交可以获得三倍体无子西瓜，但不是任意的四倍体西瓜和任意的二倍体西瓜杂交都能获得优良的三倍体无子西瓜。这就要对亲本进行严格的选择和组合选配，最终是否能获得优良的三倍体无子西瓜，还是要靠实际测配的结果来确定。

六、三倍体无子西瓜的亲本选择

1. 对母本的要求　应选用坐果性良好，特别是与二倍体西瓜杂交时，要有良好坐果能力的四倍体西瓜品种，要有较高的孕性。四倍体西瓜单瓜种子数多，对于生产三倍体西瓜种子有着重要的影响，因此要求四倍体西瓜单瓜种子数在

150粒左右。四倍体母本还应具有果皮薄、品质优良、含糖量高、肉色纯正、抗性强、果形圆整等优良性状。也可以利用四倍体和四倍体杂交的四倍体杂交一代作为三倍体无子西瓜的母本。优良的四倍体杂交一代，具有采种率高、发芽率高、成苗率高的优良性状，但需注意，用作四倍体杂交种的父母本，必须是形态性状相近的两个四倍体材料，否则，在配制成三倍体无子西瓜后，就会发生性状分离。另外，要注意四倍体西瓜的食味，选择没有异味的四倍体西瓜作母本。有的四倍体西瓜有异味，当用它作三倍体西瓜的母本时，所产生的三倍体西瓜也含有异味。因此，要严格淘汰那些含有异味的品系。

2. 对父本的要求　由于作为母本的四倍体西瓜具有增厚的果皮，因此应选用皮薄的二倍体西瓜作父本，以改善三倍体无子西瓜的果皮厚度。作为父本的二倍体西瓜的果肉颜色、品质、含糖量、果形、果实生育期、种子大小和种皮厚薄等性状，应具有较高的水平，因为这对三倍体无子西瓜的商品性有直接的影响。要选择与四倍体母本亲和力强，即对四倍体西瓜孕性高、影响大的二倍体西瓜作父本材料。因为适当的组合可以提高采种量，可供利用的标志性状要明显，即采用某些显性性状突出的二倍体西瓜作父本材料，如果皮颜色、花纹、叶片缺裂叶与全缘叶等方面的显著特点，以利于在大田生产中简便地分辨出三倍体西瓜。

3. 组合选配　形成三倍体的组合，同普通二倍体西瓜杂交一代的育种有相同的地方，如要求双亲性状互补、优良性状的叠加、双亲差异要大等。但也有不同的地方，这主要是因为它发生了染色体数目的改变。对于三倍体西瓜来说，它的三组染色体，母本提供了2/3，所以三倍体双亲的性状，就不能用二倍体水平上等位基因的理论来解释。因此应当注意，并不是任意一个四倍体和任意一个二倍体杂交都能得到理想的三倍体西瓜，也不能根据双亲的性状来判断所得到的三倍体西瓜经济性状是否优良。例如果肉纤维粗糙、质地疏松是造成三倍体空心的主要因素，但这一性状在二倍体和四倍体西瓜中并不一定表现出空心，因而常常被忽视。而它对纤维细、质地紧密而言，都是显性性状。所以常会发生没有空心的两个亲本，却可以产生空心的三倍体西瓜品种。因此，很多组合必须通过试验（测交）来确定。三倍体西瓜的采种量固然以产籽量高的四倍体为基础，但往往因为组合不同而有差异，也就是和双亲配子亲和力有密切关系。同样，三倍体种子的发芽力也和双亲配子亲和力有密切关系。

4. 三倍体杂种的产生方式　目前最常用的是"单交种"，即"四倍体A×二倍体B"，也可以采用"三交种"，即利用四倍体杂交一代作母本和二倍体杂交，如"（四倍体A×四倍体B）F₁×二倍体C"。当然，也可采用"双交种"，即四倍体F₁×二倍体F₁。

七、亲本相对性状在三倍体水平上的隐显表现

母本为四倍体、父本为二倍体进行杂交，母本雌配子为2组染色体，父本雄配子则为1组染色体，雌、雄配子结合，成为三倍体的合子，然后合子发育成为三倍体种子。这就是说，这个三倍体杂种的遗传组成，母本提供了2/3，父本提供了1/3。这样，三倍体西瓜和二倍体水平上的杂交一代，在亲本性状的隐显表现上就会有所不同。

现把观察到的父、母本的一些相对性状在三倍体杂交上的隐显表现，分述如下：

1. 果皮

网状花纹×条带花纹　　　　→条带花纹（镂空）

网状花纹×黑色　　　　　　→青黑色

花皮×黑皮　　　　　　　　→黑皮有隐约条纹

网状花纹×黄皮　　　　　　→浅黄皮偶有绿斑

黑皮×黄皮　　　　　　　　→深黄皮易生绿斑

2.果形

圆形×长椭圆形　　　　　　→圆形或高圆形

圆形×长枕形　　　　　　　→短椭圆形

3.果肉

黄肉×红肉　　　　　　　　→浓黄肉

红肉×黄肉　　　　　　　　→黄肉或中间性状

果肉较松×细密　　　　　　→较疏松有空心

果肉疏松×果肉疏松　　　　→疏松，很易空心

细密×细密　　　　　　　　→细密，不空心

糖度低×糖度高　　　　　　→糖度偏低

糖度高×糖度低　　　　　　→糖度偏高

糖度高×糖度高　　　　　→糖度高

种子中大×种子小　　　　→白胚大小居中

种子小×种子中大　　　　→白胚小

4. 植株

全缘叶×缺裂叶　　　　　→缺裂叶

受多基因控制的抗性，父母本正反交有差异：

抗病×感病　　　　　　　→较抗

感病×抗病　　　　　　　→抗性降低

抗病×抗病　　　　　　　→抗性增强

第二节　无子西瓜的栽培品种与砧木品种

目前，国内的无子西瓜栽培品种很多，在此不可能进行一一介绍，本书将重点介绍在各地无子西瓜生产上大面积推广的主栽品种和正在推广中的新优品种；突出介绍已经通过国家级或省级审定的品种；推荐介绍近年来在《中国瓜菜》杂志上广告宣传的新品种；着重介绍国内主要无子西瓜育种单位育成的新品种。

一、中国农业科学院郑州果树研究所育成的无子西瓜品种

1. 黑皮红瓤品种

（1）黑蜜5号　为中晚熟种。从开花至果实成熟需35～40天。植株长势旺，抗病性强，耐湿性好。容易结瓜，坐果整齐，在南方地区表现尤为突出。果实高圆形，墨绿皮上覆有暗条带，红瓤，果实中心折光糖含量达11%以上。每亩产量可达5 000千克。黑蜜5号是黑蜜2号的改良种，主要性状与黑蜜2号相近，但其坐果性与果实品质优于黑蜜2号。黑蜜2号于1996年获农业部科技进步三等奖，它在20世纪80～90年代为全国制种量最多、推广面积最大的无子西瓜第一主栽品种。黑蜜5号于2002年获河南省科技进步二等奖，是近年来推广发展较快、栽种范围最广的无子西瓜品种，在我国南方和北方均有大量栽培。其种植集中的地区有北京（平谷、顺义、大兴等）、河南（中牟、孟津、开封、唐河等）、江西（赣州、抚州等）、湖北（荆州）、安徽（宿州），在黑蜜2号的种植地区均可推广，尤其是在南方，因其耐湿性强，易坐果，比黑蜜2号更具有优势，在河南、

湖北、山东、东北等地均有栽种。

（2）蜜枚1号　为中晚熟种。全生育期约105天，果实发育期为35天。植株生长势旺盛，主蔓第七节至第九节着生第一雌花，以后每隔6~7节着生1朵雌花，以第三朵雌花坐果为宜。果实椭圆形，墨绿色果皮上有蜡粉，果皮厚1.2厘米，皮硬耐运。果肉红色，肉质脆，中心折光糖含量达11%。单瓜重6千克左右，每亩产量约4 000千克。1996年获国家科技进步三等奖。

（3）郑抗无子8号（豫审西瓜2008005）　大果型，中晚熟种。抗病耐湿。果实圆球形，纯黑皮，幼果着黑快，外形美观。瓤色大红，质脆，中心含糖量12%左右。单瓜重9千克左右。耐贮运。

（4）郑抗无子5号（国审菜2006004，2006年通过江西省审定）

中晚熟种，果实圆形。纯黑皮，覆蜡粉，外形美观。瓤色大红，无子性好，商品率高，品质优，中心含糖量12%以上。耐贮运，适应性强。

（5）郑抗无子2号（国审菜2002050）　中晚熟种。果实高圆形，墨绿皮，果大，抗病。红瓤，含糖高，质优，耐贮运。

其他黑皮红瓤类品种还有郑抗2008、郑抗无子9号、郑抗无子6号等。

2. 花皮红瓤品种

（1）郑抗无子1号（国审菜2002031）　中晚熟种。果实高圆形，果皮底色青，宽条花皮，外形美观。瓤色大红，中心含糖量12%以上，品质优。单瓜重9千克以上。易坐果，抗病耐重茬。

（2）郑抗无子3号（国审菜2002051）　早熟种。全生育期95~100天，果实圆形，齿条花皮，外形美观。瓤色大红，中心含糖量12.5%左右。单瓜重6千克以上，每亩产量4 000千克左右。易坐果且整齐。露地、保护地均可栽培，比黑皮品种一般可早熟8~10天。

3. 其他类型品种

（1）精品小果型品种金玉玲珑无子一号与金玉玲珑无子二号

二者均为优质黄瓤品种，中心含糖量12%~13%。质脆，口感细嫩无渣，无子性好，果实高圆形，单瓜重1.2~2.5千克，全生育期约84天，适于保护地栽培。二者的区别是一号为深窄齿条带花皮，二号为细线条带花皮。

（2）其他特殊类型品种　黑皮黄瓤品种郑抗无子4号（豫审西瓜2002004）、黄皮红瓤品种金太阳无子1号、黄皮黄瓤中小果型品种黄玫瑰无子以及新育成的功能性品种莱卡红无子1号（高含番茄红素）和红伟无子（高含瓜氨酸）以及皮色特殊的流星雨无子等。

二、湖南省瓜类研究所暨中日合资南湘（湖南）种苗公司育成的无子西瓜品种

1. 雪峰黑马王子（审定号：湘审瓜2005001）　中晚熟品种，全生育期105天左右。抗病，耐湿性强，耐贮运，商品性好。生长势较强，叶色浓绿。果实圆球形，墨绿皮，皮上覆有蜡粉。瓜瓤鲜红，质细纤维少，含糖量高。单瓜重6～8千克，每亩产量3 500～5 000千克。

2. 雪峰大玉无子4号（审定号：湘审瓜2005003）　中熟品种，全生育期95～100天。植株生长势强，耐病，抗逆性强。果实圆球形，深绿皮，皮厚1.2厘米，黄瓤，无子性好；汁多味甜，中心含糖量12%左右，单瓜重5～6千克。每亩产量3 500千克，高者可达5 000千克。

3. 雪峰大玉无子5号（审定号：湘审瓜2004003）　雪峰无子304是该所20世纪80～90年代大面积推广的主导品种，本品种是雪峰无子304的改良型新品种。中熟品种，全生育期95天左右。抗病性强，植株生长势强，易坐果。果实网球形，墨绿皮，皮厚1.2厘米；瓤色鲜红，质脆，中心含糖量12%左右，口感风味好，无子性好。耐贮运，单瓜重6～7千克，大者达10千克以上，每亩产量4 000～4 500千克。

4. 雪峰蜜红（审定号：国审菜2002027）　亦名湘西瓜14号，2004年获湖南省科技进步三等奖。早中熟品种，全生育期93天左右。耐湿抗病，生长势中，坐果率高。果实圆球形，齿条花皮，瓤色鲜红，瓤质细嫩，中心含糖量12%～13%，无子性好；皮薄且硬，耐贮运。单瓜重5～6千克，每亩产量4 000千克左右。

5. 雪峰蜜黄（审定号：国审菜2002026）　亦名湘西瓜18号，为早中熟品种。全生育期93天左右。生长势中等，抗病耐湿，适应性广。果实圆球形，齿条花皮，外观美；瓤色金黄，汁多，瓤质细嫩，口感风味好。皮厚1.2厘米，每亩产量3 500～4 000千克。

6. 雪峰小玉红（审定号：国审菜2002030）　早熟品种，全生育期88～89天。耐病，抗逆性强。坐果整齐，单株坐果2个左右。果实圆球形，细齿条花

皮，外观美，瓤色鲜红，无黄筋硬块，汁多味甜，细嫩爽口，中心含糖量12%以上。单瓜重1.5～2千克，每亩爬地栽培产量为2 000～2 500千克，立架栽培每亩产量为3 000～3 500千克。

7. 雪峰全新花皮　雪峰花皮无子是该所20世纪80～90年代大面积推广的品种。本品种是雪峰花皮无子的改良型新品种。中熟品种，全生育期95天左右。果实发育期35天左右。植株生长势强，耐病性好。果实圆球形，宽条花皮，瓤色鲜红，中心含糖量12%左右，口感风味佳，无子性好，皮厚1.1厘米，单瓜重10千克，每亩产量4 200千克。

8. 雪峰新一号　中熟品种，易坐果，不易空心，耐湿抗病。果实高圆形，条带花皮，瓤色深红，无子性好。皮薄，汁多味甜，中心含糖量12%。单瓜重8千克，大者可达15千克，每亩产量3 500～4 500千克。

9. 雪峰黑牛　果实短椭圆形，黑皮，无子性好。汁多味甜，中心含糖量12%左右。耐贮运，单瓜重6～8千克。

10. 无子冰淇淋　2009年2月通过湖南省品种审定。中早熟种，全生育期约92天，果实发育期33天左右，生长势较强，耐病抗逆性强。果实圆球形，绿皮底覆墨绿色条带，皮厚1.1厘米。肉色鲜黄，无黄筋、硬块，无子性好。汁多味甜，质脆爽口，具奶油味，口感风味极佳。不易空心，耐贮运。中心糖含量12%左右，中边糖梯度小。单瓜重4～5千克，每亩产量3 000～3 500千克。

三、湖南博隆达科技发展有限公司（原岳阳市农科所）育成的无子西瓜品种

1. 洞庭1号　1989年育成，1996年经湖南省农作物品种审定委员会审定，定名湘西瓜11号。2002年通过全国审定，审定号为国审菜2002006。1998年获湖南省科技进步二等奖。

中晚熟种。全生育期105天，果实发育期34天左右。植株生长旺盛，分枝性强。第一雌花着生节位为第八至第十节，以后每隔6～7节着生1朵雌花。耐湿、耐热性较强，果实圆球形，果皮墨绿色，上覆蜡粉。皮厚1.1厘米。果肉鲜红，肉质细嫩，中心折光糖含量达11.5%。单瓜重4～5千克，每亩产量约为3 500千克。目前在湖南、湖北等地种植面积较大。

2. 洞庭3号　亦名湘西瓜19号。2002年通过全国审定，审定号为国审菜

2002021。2004年获湖南省科技进步二等奖。

中熟种。植株生长势强，耐湿抗病，易坐果。果实圆形，果皮深绿色，瓤色鲜黄，中心糖含量12%左右，品质优，风味佳。单瓜重5~7千克，最大可达14千克，每亩产量3 500千克左右。

3. 其他品种

①博达隆二号 审定号湘审瓜2007004。皮墨绿色，红瓤。果实圆球形，优质，高产。耐贮运，适应性广。

②博达隆一号 审定号湘审瓜2006001。黄皮，红瓤。果实圆球形。中熟种，中型果。外观美，品质优，坐果性好。

另外，还有小果型早熟品种博仲，花皮，黄瓤，品质优，适应性广。

四、广西农业科学院园艺研究所育成的无子西瓜品种

该所育成的无子西瓜品种有广西1号、广西2号、广西3号、广西5号、广西6号、广西7号及黄皮品种黄金桂冠。广西2号曾是20世纪80年代部分地区无子西瓜的主栽品种，是种植面积较大的品种之一，1982年获得广西科技进步一等奖，1983年获得农业部科技进步二等奖。目前广西3号和5号是重点推广的主栽品种。

1. 广西三号 广西农业科学院园艺研究所1990年育成的出口创汇型品种，市场竞争力极强，既可内销，又宜出口创汇。早熟，生长健壮，抗病力强。瓜码密，易坐果。授粉后30~35天成熟。瓜形一致，整齐美观，果实高圆形，绿色表皮上有清晰的深绿色宽条带花纹，皮厚1.2厘米。肉质大红一致，质地细密，清甜爽口，不空心。秕子小而少，中心含糖量12%，品质佳，商品率高。一般单瓜重6~8千克，最大可达19.5千克。耐贮运，适应性广，南北方均宜栽培。一般每亩产3 500~4 000千克。2000年和2002年分别通过贵州和广西农作物品种审定。2004年获广西科技进步一等奖，2005年获国家科技进步二等奖。

2. 广西五号 广西农业科学院园艺研究所1990年育成的无子西瓜优良品种，1996年6月通过广西农作物品种审定。果实椭圆形，皮色深绿，皮质坚韧，皮厚1.1~1.2厘米，耐贮运。瓤色鲜红，肉质细嫩爽口，中心含糖量11%，无空心裂瓤，白秕子小而少，品质优。一般单瓜重8~10千克，最大单瓜重21.4千克。一般每亩产4 000~5 000千克。1998年获广西科技进步二等奖，1999年获广西科技推广重奖三等奖，2005年获国家科技进步二等奖。

五、北京市农业技术推广站（北京北农种业有限公司）育成的无子西瓜品种

1. **暑宝**　早熟种，植株生长势强，易坐果。果实圆形，墨绿色皮覆有暗条纹，红瓤，质细，中心含糖量13%左右，口感好，单瓜重7～10千克。

2. **黑宝二号**　大果型，全发育期105天。植株长势稳健，易坐果，抗病性强，适应性广。果实圆形，纯黑色皮，果皮上覆有蜡粉，红瓤，中心含糖量13%左右，皮韧，耐贮运。单瓜重8～12千克，每亩产量5 000千克左右。

3. **黑巨霸**　大果型，果实发育期35天。植株长势稳健，适应性广，抗病性强。果实圆形，纯黑色皮，果皮上覆有蜡粉，红瓤，中心含糖量13%以上，皮韧，耐贮运。单瓜重8～12千克，每亩产量6 000千克左右。

4. **北农998**　超大果型，果实发育期34天。植株长势稳健，适应性广，抗病性强。果实圆形，纯黑皮上覆有蜡粉，瓤色大红，质脆爽口，中心含糖量13%以上。无子性好，皮韧，耐贮运。单瓜重8～15千克，每亩产量6 000千克。

六、河南洛阳市农兴农业科技有限公司育成的无子小西瓜品种

1. **华晶七号**　果实圆形，单瓜重2千克左右。瓜皮绿色，具墨绿色条带。瓜皮厚度0.5厘米左右，比较坚韧。瓜瓤红色，汁多味甜，中心含糖量12.5%，边部含糖量10%左右。生长较为稳健，易坐瓜。

2. **华晶11号**　果实圆形，单瓜重2千克左右。瓜皮绿色，具墨绿色条带。瓜皮厚度0.5厘米左右，比较坚韧。瓜瓤黄色，瓤质爽脆，中心含糖量12%，边部含糖量8.6%左右。生长较为稳健，易坐瓜。

3. **华晶12号**　果实圆形，单瓜重2千克左右。瓜皮墨绿色，皮厚0.5厘米左右，比较坚韧。瓜瓤鲜红色，瓤质爽脆，中心含糖量12.5%，边部含糖量9%左右。生长较为稳健，易坐瓜。

此外，近年来还新育成金黄皮红瓤的华晶15号和绿皮红瓤的华晶16号品种。

上述品种均适宜保护地吊蔓种植，每亩种植1 800～2 000株，每株留2条蔓，选留第三雌花坐果较好。爬地栽培每亩定植600株，1株3蔓整枝，每株以留2个瓜为宜。

七、台湾省育成的无子西瓜品种

台湾省育成的无子西瓜品种较多，推广面积较大的品种有以下2个品种。

1. 农友新1号　由农友种苗公司于1973年育成。为中晚熟种。株形和生育习性与凤山1号相似。生长势较旺，结果力较强，果型较大，较耐枯萎病与蔓枯病。栽培容易，产量较高。果实圆球形，暗绿色皮上覆有青黑色条带。红瓤，肉质细，中心折光糖含量为11%。皮韧耐贮运。单瓜重6～10千克。它是目前台湾省栽培面积最大的无子西瓜品种，也是大陆目前无子西瓜生产上的主栽品种之一。

2. 农友新奇　由农友种苗公司育成。为中熟种。全生育期为97天。植株生长势强。对蔓枯病、炭疽病、病毒病有相当强的抵抗力。果实圆球形，黄绿皮上覆有青黑色宽条带。红瓤，肉质细，品质优。在台湾省推广栽培。

八、其他单位育成的无子西瓜品种

1. 广州无子301　广州市果树研究所育成。果实圆球形，深绿色皮，瓤色大红，瓤质爽脆，中心折光糖含量12%以上。植株生长势中等，易坐果。全生育期春植为105天，夏植为90天。每亩产量4 000千克左右。

2. 翠宝3号　是新疆八一农学院与昌吉园艺场合作育成的翠宝系列无子西瓜品种之一。中熟种，全生育期90～95天。生长势中等。果实圆形，花皮，浅绿底色上有墨绿色宽条带。红瓤，味甜质脆，中心折光糖含量12%以上。单瓜重5～6千克。在河南开封地区等地有一定推广面积。

3. 兴科无子二号　安徽省无子西瓜研究所育成。果实圆球形，黑皮，红瓤，优质丰产，易坐瓜。适于稀植、多蔓、不整枝、不打杈栽培。一株可结4～5个瓜。每亩产量5 000千克左右。

4. 创利1号　海南创利农业开发研究所育成。1998年通过海南省审定。为农友新一号型品种，果实高圆形，绿皮暗条带，红瓤。在海南省已大面积推广。

5. 丰乐无子一号　由合肥丰乐种业公司育成。中早熟种。全生育期95天，果实发育期约33天。植株生长势稳健，坐果力强。果实圆球形，绿色覆有深绿色齿条带。红瓤，质脆，中心折光糖含量12%左右。单瓜重5～6千克，一般每亩产量3 000千克。皮厚1.1厘米，耐贮运。适应性强，适于南方栽培。

6. 菊城无子6号　开封市农林科学院西瓜研究所育成。中熟种，纯黑皮大果

型。单瓜重10千克。瓤色大红，中心含糖量12%。另有中熟种菊城无子3号，单瓜重7~10千克，中心含糖量12%，已经河南省品种审定委员会审定。

7. 河南农业大学河南豫艺种业科技发展公司育成的无子西瓜

①豫艺天盛无子（审定号：豫审2005013） 果实圆形，纯黑皮，覆有蜡粉，外观美，红瓤，易坐瓜。单瓜重8~10千克，品质优。在鄂、湘、陕、豫等地大面积推广。

②豫艺菠萝蜜（审定号：豫审2004001） 果实圆形。纯黑皮，黄瓤，有菠萝蜜香味，中心糖含量12.5%以上，口感好。单瓜重6~8千克。大棚、露地均可栽培。

③豫艺926（审定号：豫审西瓜2002006） 果实圆形，花皮，外观美。红瓤，质脆，中心含糖量最高可达13%。中早熟种，易坐瓜。大的单瓜重可达10千克。大棚、露地均可栽培。

8. 国家瓜类工程技术研究中心育成的无子西瓜

①西域天虎 果实高圆形，绿皮覆墨绿宽条带，中晚熟种，全生育期90天左右，果实发育期40天左右。瓤色大红，质脆，中心含糖量11.5%以上。单瓜重6~10千克。

②西域无子5号 中熟种。果实圆形，黑皮。瓤色大红，质脆，中心含糖量12%。单瓜重6~11千克。耐贮运。

③西域黑状元 中熟种。果实高圆形，纯黑皮。瓤色深红，中心含糖量11.8%。最大单瓜重12~14千克。易坐果，丰产性强。

9. 安徽省农科院园艺研究所育成的无子小西瓜

①黄玉 2006年通过上海市品种审定委员会审定。早熟种，果实发育期28~30天。果实圆形或高圆形，花皮。黄瓤，中心糖含量12%~13%，质细多汁，口感好。单瓜重2~2.5千克。

②迷你红 2006年通过安徽省品种审定委员会审定。果实发育期28~30天。果实高圆形，花皮红瓤，质细嫩，中心糖含量13%~14%，单瓜重2~2.5千克。

10. 美国先正达公司育成的墨童、蜜童、先甜童等黑皮红瓤无子小西瓜在北京、海南、山东等地试种后，表现较好，目前正在继续试种推广中。

九、砧木品种

当前，作为无子西瓜砧木的种类主要是瓠瓜、南瓜和野生西瓜的不同品种。

比较而言，瓠瓜砧的不同品种与西瓜有稳定亲和力，嫁接苗长势稳定，坐果稳定，对西瓜品质无不良影响，但抗病性不是绝对的；而南瓜砧的不同品种与西瓜的亲和力差异很大，多数品种发生不同程度的共生不亲和现象，故应选用亲和力强的专用品种，但其长势强、抗病，对西瓜品质有一定影响，用它做砧木时应慎重。现分类介绍以下几个砧木品种。

1. 瓠瓜砧木　又称扁蒲、夜开花、瓠子、葫芦。各地均有地方品种，栽培较普遍。果实长圆柱形或短圆筒形，皮绿色或白色，瓜蔓生长旺盛，根系发达，吸肥力强。用它做西瓜砧木亲和力强，植株生长强健，结果率高而稳定，耐低温，耐湿。福建省长乐市地方品种葫芦瓠的下胚轴粗短，易嫁接，成活率高，可有效地克服早春低温、阴雨等不利因素。

（1）重抗1号瓠瓜　砧木由山东省潍坊市农业科学院育成。嫁接成活率高，在重茬地未发现枯萎病。其主要特性是根系发达，胚茎粗壮，枝叶不易徒长，有利于嫁接作业，嫁接亲和力强。嫁接苗粗壮，伸蔓迅速，坐果节位较低，果实膨大快，果型较大且不影响果实品质。

（2）超丰F_1　由中国农业科学院郑州果树研究所育成的葫芦杂交一代砧用种。该品种不仅具有下胚轴粗短、不易伸长的特性，而且具有便于嫁接操作、成活率高、共生亲和力强、抗枯萎病、叶部病害明显减轻、耐低温、促进早熟、耐高温、耐湿、耐旱、耐瘠薄等特点，而且有明显的增产效果。它对西瓜品质无不良影响，其西瓜质量接近自根西瓜。种子灰白色，种皮光滑，子粒较大，千粒重约125克。1998年通过北京市农作物品种审定委员会审定。河南、北京、辽宁、安徽等省、市有较大的栽培面积。

（3）华砧1号　别名瓠子。是中、大果型西瓜品质的优良砧木。果实长圆柱形，生长势强，根系发达，吸肥力强，亲和力强，嫁接易成活，很少发生嫁接不亲和株。嫁接苗耐低温、耐湿、适应性强，对西瓜品种无不良影响。该砧木由合肥华夏西瓜甜瓜研究所育成。

（4）华砧2号　别名葫芦。是小西瓜的优良砧木。果实圆梨形，植株长势稳健，根系发达，下胚轴粗短，嫁接操作方便，嫁接亲和力强。耐低温，耐湿，耐瘠。坐果稳，可促进早熟，对西瓜品质无不良影响。该砧木由合肥华夏西瓜甜瓜研究所育成。

（5）京欣砧一号　由北京蔬菜研究中心育成。为葫芦与瓠瓜的F1种。下胚

轴短粗且硬，不易徒长，嫁接苗根系发达，生长旺盛，吸肥力强。抗枯萎病能力强，耐病毒病，后期抗早衰，生理性凋萎病发生少，对果实品质无明显影响。在各地栽培表现良好。

（6）丰抗王　由河南洛阳市农兴农业科技公司育成。为日本甜葫芦和中国瓠瓜的F1种。子大苗壮，下胚轴不空心。容易嫁接，靠接、插接均宜，亲和力强，成活率高。抗病力强，根系发达，吸肥力强，耐热，早发不早衰。产量高，品质好，无异味，无皮厚、空心现象。

（7）丰抗王4号　由河南洛阳市农兴农业科技公司育成。为光子葫芦与日本甜葫芦的F1种。下胚轴不空心，易嫁接，靠接、插接均宜。嫁接亲和力强，成活率高。抗病能力强，根系发达，吸肥能力强，产量高，品质好，无异味，无皮厚、空心现象。

其他还有青岛市农科院新技术开发中心育成的"青研砧木1号"，北京大兴区农科所育成的"航兴砧一号"，湖南省瓜类研究所育成的日本"水瓜砧木"等。

2. 南瓜砧木

（1）新土佐　是笋瓜与中国南瓜的种间杂交种。由日本选育。普遍用作西瓜、甜瓜的专用砧。其主要性状是生长强健，分枝性强，吸肥力强，耐热。蔓细具韧性。叶心形，边缘有皱褶，叶脉交叉处有白斑。果皮墨绿色，具浅绿色斑，有棱及棱状突起。果实圆球形，肉橙黄色，种子淡黄褐色。嫁接苗亲和力强，较耐低温，可提早成熟、增加产量，但在高温下易患病毒病。

（2）南砧1号　是辽宁省熊岳农业职业技术学院从美国南瓜中选育出来的砧木品种。果实扁圆形，成熟时外表皮具有红绿相间的花纹。种子表皮黄白色，每果有种子300~400粒。种子千粒重约250克。与西瓜亲和力强，植株生长强健，高抗枯萎病，丰产。据河北农业技术师范学院试验，南砧1号与西瓜嫁接成活率约为90%，在结果初期发生叶片黄化不亲和株30%，果实品质较差。因此，利用南砧1号嫁接时应慎重。

（3）京欣砧二号　由北京蔬菜研究中心育成。为印度南瓜与中国南瓜的F1种。其嫁接苗在低温弱光下生长强健、根系发达，高抗枯萎病，后期耐高温、抗早衰，很少发生生理性急性凋萎病，对果实品质影响小，适于早春和夏秋栽培。

（4）京欣砧三号　由北京蔬菜研究中心育成。为印度南瓜和中国南瓜的F1种。对品质风味无不良影响。下胚轴腔小，但紧实而短粗，嫁接后易坐果。抗多种土传病害，后期耐高温、抗早衰。

（5）丰抗王2号　由河南洛阳农兴农业科技公司育成。为印度南瓜与中国南瓜的F1种。嫁接亲和力强、成活率高。嫁接苗抗多种土传病害。根系发达，吸肥能力强，生长势强，耐寒性强，不早衰，产量高，不影响品质，无异味，无皮厚、空心现象。

3. 野生西瓜砧木

（1）勇士　台湾农友种苗有限公司育成的野生西瓜一代杂种。其主要性状是抗枯萎病，生长强健，在低温下生长良好。嫁接西瓜亲和力良好，坐果稳定，西瓜品质、风味与自根一样。肉色好，折光糖含量较稳定。种子大，胚轴粗，嫁接操作比较容易。嫁接苗初期长生慢，但进入开花结果期生长渐趋强盛，不易衰老。

（2）丰抗王3号　由河南洛阳农兴农业科技公司选育而成。嫁接亲和力强，成活率高，嫁接苗抗各种土传病害。根系发达，吸肥能力强。生长势强，耐热性好，不早衰。产量高，品质好，无异味，无皮厚、空心现象。在南方种植表现突出。

第三节　无子西瓜的繁育技术

无子西瓜的繁殖系数小、产种量低，仅相当于普通西瓜的1／7，而且制种工序多，费工时，种子价格昂贵，这一直是无子西瓜生产发展的制约因素。无子西瓜良种繁育的好坏，直接关系到无子西瓜生产的发展。无子西瓜在制种过程中既有杂交一代制种的特点，又有母本四倍体西瓜培育的特点（即四倍体的生育特点及对环境条件的要求不同于二倍体的特点），因而无子西瓜的制种具有一定的特殊性。

一、制种亲本的保纯与繁殖

1. 母本四倍体西瓜的保纯与繁殖

（1）四倍体西瓜的保纯方法

①隔离防杂。隔离就是将四倍体西瓜的雌花与其他西瓜花粉隔离开，只授本品种或本株的花粉，以保证其纯度。实施时可采用套纸帽、套袋、夹花或套塑料帽等人工隔离法，也可采用空间隔离法。套纸帽等物的人工隔离，可在雌花开放

前一天下午用大小适宜的纸帽等物，将雌花和雄花分别套住，防止昆虫传粉。空间隔离要求隔离区的距离不少于1 000米，在这一范围内不能种植其他西瓜，并要求无人工放蜂等活动。

②授粉自交。在隔离防杂的基础上，实行单株自交或同品种内异株姊妹交，保证四倍体西瓜的纯度。套纸帽等隔离的，多采用单株自交法，即于清晨采摘即将开放的头一天下午套有纸帽的雄花花蕾，待其散粉时，剥除花冠，同时去除四倍体西瓜雌花上的纸帽，把花粉轻轻涂在雌花柱头上。授粉完毕后重新将纸帽套上，并在已授粉雌花的果柄上做好标记，将人工授粉前田间自然坐住的幼果一律摘除。这样，以后采收有标记的果实，即可获得保纯的四倍体西瓜。

采用空间隔离的可以自然授粉结果。但是，在劳力充足的地方，可在空间隔离条件下再辅以不套袋的人工辅助授粉，以提高坐果率。人工授粉用的雄花不论是本株的还是同品种异株的均可采用。优良纯系的选择均采用单株自交授粉，繁殖原种时常用优良单系混合，品种内自交授粉采种。

（2）四倍体西瓜种性的提高　一个优良品种推广几年后，都会发生不同程度的退化。防止无子西瓜品种退化的关键，是提高母本四倍体西瓜的种性。具体措施如下：

①在优良纯系内连续进行单株自交。通过连续单株自交，选择最优单系，淘汰性状差异较大的杂劣单系；在最优单系内要选留优良单瓜、单收、单种，继续选优。

②进行隔离区田间选择。繁殖优良原种采用优良单系的混合系，在隔离区内自由授粉繁种，然后在田间植株的抗病性、坐果率以及果实性状等方面进行选择。

③淘汰"返祖"的种子。因生物学原因，个别植株在特定条件下会恢复成二倍体西瓜，发生"返祖"现象，即四倍体西瓜植株上所结的果实中的种子为二倍体西瓜种子。种子外形与普通西瓜一样，而果实性状与四倍体西瓜果实相似。这样的种子在选种过程中应予以淘汰。

（3）四倍体西瓜种子的繁殖栽培要点

①选择生态条件适宜的地区与季节栽培。实践表明，四倍体西瓜在不同地区的采种量有极大差异。其最适宜的是西北干旱少雨地区。华北地区亦可进行四倍体西瓜栽培。而在南方阴雨多湿地区，其制种不论是采种数量还是种子质量，都

很难达到要求。另外四倍体西瓜的制种生产，适于在温度由低到高的春夏季节进行。其生长期要稍长一些，果实发育期应处于高温干旱季节。

②育苗栽培。宜培育3～4叶的大苗定植。育苗应单粒播种，以节约种子。此外，在苗床管理中，对四倍体西瓜苗前期生长缓慢和需要温度较高（最适温度26℃，夜温不低于19℃）的要求应适当予以满足。四倍体西瓜种子的种壳厚，种胚饱满，不破壳发芽率亦能达90%以上，但进行破壳催芽处理可促使发芽快而整齐，因此，提倡像栽培无子西瓜一样采取破壳催芽方法。

③覆盖地膜，合理密植。覆盖地膜，具有保温增湿、保墒防涝等作用。这适于四倍体西瓜苗前期生长缓慢、需要温度高的特点，对促进四倍体西瓜苗期生长有显著效果。四倍体西瓜植株节间短、分枝少，合理密植可以增加单位面积结果数，有利于提高种子的产量。一般多采用双蔓整枝方法，每亩种植800株左右，这要比三倍体制种田内种植的密度稍稀些，使植株得以充分发育，以获得优质饱满种子，作无子西瓜制种用的优质母本。

④增施肥料。四倍体西瓜耐肥性强，在土壤肥沃、多施肥的情况下生长良好，坐果率高，果实大而圆整。前期应重施追肥，大田定植至坐果前追肥用量约占总用肥量的50%，用肥较多，也不致引起徒长。总用肥量比普通西瓜增加20%～30%。适当增施磷、钾肥，能增加单瓜种子数，提高种子的产量和千粒重。

⑤防治病虫害。四倍体西瓜具有较强的抗炭疽病、白粉病和枯萎病的能力，但抗旱能力差，干旱时易发生病毒病。因此四倍体西瓜栽培田内病虫害防治应以防蚜、治蚜为首要任务，尤其是在定植后至果实开始膨大时为关键时期，此时也正处于高温干旱的气候条件下，极易发生蚜虫病害。同时应及时补充灌溉，以保持土壤和空气的一定湿度，避免过度干旱。

⑥合理采种。待种瓜充分成熟或过熟时采收，才能保证种子的饱满度。按照授粉标记逐批采收，并按照品种特性，去除杂瓜、劣瓜。要将烂瓜分开，就地取子。其余的种瓜收获后，要集中存放于通风处后熟3～5天，于晴日上午剖瓜取种，并及时清洗晾晒。剖瓜时如发现子小量多的"返祖"二倍体西瓜种子，一定要予以淘汰。

2.父本二倍体西瓜的保纯与繁殖　父本二倍体西瓜的保纯和繁殖方法与普通西瓜杂交一代制种亲本的繁殖方法相同。但是要特别强调父本必须是百分之百的纯系。因为无子西瓜种瓜的去杂工作，在采种时只能剔除未杂交的或混杂的四倍体母本，而无法淘汰因父本二倍体混杂而产生的无子西瓜。所以，严格确保二倍体父本的高纯度十分重要。

二、无子西瓜的制种技术

1. 无子西瓜的制种方法

（1）套袋人工授粉制种法　此法适用于缺乏空间隔离条件、人力又比较充足的较小面积上的制种。于傍晚选择母本四倍体植株上第二天即将开放的雌花，用大小适宜的纸帽（纸帽应紧贴而不擦伤子房）将雌花套住，防止昆虫侵入（纸帽可选用一般报纸等较硬的纸张，剪成约6厘米×4厘米的纸条，纸条卷在大小适宜的笔杆或小竹竿段或一节5号电池上，即成纸筒，然后一头拧紧抽出即可）。第二天清晨，在雌花未开放前，采集当天要开放的父本雄花花蕾（特征是花冠发黄），并同时检查前一天傍晚漏套的雌花，再补套上纸帽。如漏套的雌花已经开放，则应坚决摘除不用。待雄花散粉时，取下四倍体雌花上的纸帽，剥除雄花花冠，然后将花粉均匀地轻轻地涂抹在雌花的柱头四周进行授粉。授粉后如把雄花留放在柱头上效果更好。授粉量要大、均匀，这样才能提高采种量。在雄花充足的情况下，一朵雄花授一朵雌花最好。授粉完毕后再继续套上纸帽，同时在已授粉雌花的瓜柄上用布条、塑料套圈、尼龙绳等做好标记。将来采收有标记的果实，即可获得百分之百的无子西瓜种子。

（2）空间隔离、人工去雄、自然授粉制种法　此法在采种量大、具备空间隔离条件时采用。隔离区应在1 000米内无其他西瓜。此法的关键是母本要彻底去雄，然后自然授粉，使得母本四倍体全部接受父本的花粉受精，从而保证得到的种子全部都是三倍体种子。其具体做法是：父母本按1：4比例间隔种植（图7-1），母本去雄工作可随整枝压蔓一同进行，直至杂交授粉结束为止。但单用此种方法往往不易做到彻底去雄，故应于前一天傍晚和当天清晨雄花开放前对母本进行第二次去雄，以保证不漏掉一个雄蕾。有些制种要求比较严格的单位采用上述二法兼用的"三保险制种法"，即空间隔离、人工去雄、套帽授粉3条措施并用，从而保证获得高纯度的无子西瓜种子。

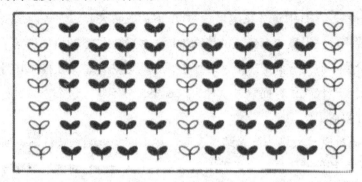

图7-1　无子西瓜空间隔离、人工去雄、自然授粉制种法的父、母本配置图

白苗为父本（2x）　　　　黑苗为母本（4x）

（3）隔离区自然授粉制种法　亦称简易制种法。其具体做法是：在制种田周围设置隔离区，在制种田内按1∶4的比例间隔种植父母本植株。开花期内，任其自然授粉。果实成熟后，在采收的母本果实种子中可获得40%～50%的三倍体西瓜种子和50%的四倍体西瓜种子。然后，根据三倍体西瓜种子与四倍体西瓜种子在形态上的不同特征特点加以区分。一般技术熟练的工人，其鉴别二者种子的正确率可达80%以上。此法虽然可以大大简化制种程序和节省劳力，但是由于获得的三倍体西瓜种子比例不高，纯度也不能绝对保证，故只有在地多人少、劳力特别昂贵的地方采用。

2．无子西瓜制种田内的栽培管理技术

无子西瓜制种田内种植的主要是母本四倍体西瓜。所以，无子西瓜制种田的栽培管理技术，与前述的四倍体西瓜种子繁殖田的栽培管理技术基本相同。但是也有不同特点。现将其主要不同点和特别需要强调的注意事项介绍如下。

（1）选择在最适地区和最佳季节种植　在不同的生态地区培育的无子西瓜种子，其产量差异很大。南方地区阴雨多湿，制种瓜的采种量最低，每亩产量仅1～2千克；华北地区比南方地区干燥，采种量稍高，每亩产量为2～4千克；采种量最高的是西北干燥少雨的新疆和甘肃河西走廊一带，一般每亩产量5千克以上。所以，近来新疆无子西瓜制种面积迅速扩大，目前已成为我国面积最大最集中的无子西瓜优质制种生产基地。此外，不同季节与不同年份的采种量也不一样，这主要与气候条件的变化有关。根据中国农业科学院郑州果树研究所观测，当开花坐果期内的平均气温在22～26℃、空气相对湿度在60%～80%时，结子率

比较高、单瓜种子量比较多。河南郑州地区无子西瓜制种栽培的时间最好安排在5月上中旬播种，6月中旬开花坐果，7月中下旬成熟采收。无子西瓜制种不宜进行反季节栽培。在温度由高到低的华南地区，秋季条件下种植往往结子率很低，没有利用价值。海南省南部三亚、陵水、乐东等暖热地带，秋播（10月份播种）时，极易出现当代无子粒而宣告制种失败现象，故不宜在这个季节进行无子西瓜种子的制种栽培工作。

（2）高度密植栽培　试验结果表明，在不同密度栽培条件下，所采得的无子西瓜种子，其种子质量和单瓜种子数量没有多大差别，对种性变化亦无影响。所以，可以进行单蔓整枝实施高度密植栽培，用增加单位面积结果数来大幅度提高种子产量。新疆制种田栽培密度最高的可达每亩2 000株左右。无子西瓜制种田的种植密度，一般均高于母本四倍体西瓜繁殖田的种植密度。

（3）增施磷肥　施用磷肥，可以提高无子西瓜的采种量和种子质量。一般比普通西瓜田每亩约增施过磷酸钙50千克。

（4）及时治蚜防病毒病　母本四倍体植株在生育中期遇到高温干旱天气时，极易感染病毒病，一旦感染就难以坐果，所以制种田要及早做好预防工作。在高温干旱天气出现时，应提前打药防治蚜虫，以堵塞传播病毒病的途径，同时要酌情适当浇水，增加制种田空气相对湿度，以防病毒病发生。

（5）切忌进行种瓜酸化发酵处理　试验表明，种子酸化发酵处理会显著降低无子西瓜种子的发芽率。因此，种瓜采收后应特别注意，不能采用普通西瓜种瓜那种将掏出的种子在经过酸化发酵后再淘洗干净的方法，而要随剖瓜、随挖随淘洗干净种子。这样，不仅可以避免种子发芽率降低，而且可以防止表面出现"麻纹"（俗称"麻籽"）而影响销售。

三、提高无子西瓜采种量的途径

无子西瓜采种量的高低，主要取决于母本四倍体西瓜孕性的高低与双亲性细胞亲和力的强弱。一般由于四倍体西瓜的孕性差，它的单瓜种子数量少（少则十几粒，多则百余粒），仅为同品种二倍体西瓜的1/10～1/5，而四倍体果实内的三倍体西瓜种子数目，一般又略比四倍体西瓜自交授粉所得的种子要少。此外，气候条件与栽培环境在一定程度上也影响了孕性的高低。关于如何提高无子西瓜采种量的问题，国内外学者做了大量的研究工作，取得了不少成果，现将其归纳分述如下。

1. 育种途径方面的工作

（1）选育多子的四倍体品种　四倍体西瓜本身孕性的高低（即种子量的多少），对于三倍体无子西瓜采种量的高低起决定性作用，四倍体种子数量是一个可遗传的性状，因此选育多子类型的四倍体西瓜品种是无子西瓜育种中的重要目标之一。据广西农业科学研究院研究，利用单瓜种子数较多的广西402四倍体与质优子少的四倍体一号相比，用相同父本配制而成的三倍体西瓜的种子数，前者比后者可增加61%。此外，单瓜种子数是一个可遗传的数量性状。一般说来，多子的个体，其后代的种子也多，这是连续选择获得多子单系的根据。如广东白沙良种场通过系统选择四倍体单瓜种子，单瓜种子数可从31粒提高到94粒。所以，可以采用多子单瓜系统选择或多子单瓜间杂交后代的连续选择，使产种量稳定后，应用于配种生产，即可取得较理想效果。

（2）选配亲和力高的三倍体组合　三倍体无子西瓜采种量的高低，除了与母本四倍体西瓜的孕性高低有关外，还与双亲性细胞的亲和力强弱密切相关。根据试验，同一个四倍体母本，用不同的二倍体父本品种配制的组合，其种子数量不同，差别大的可相差1倍左右。另有试验表明，即使是少子的四倍体母本，只要双亲选配的亲和力高，也能得到产种量高的三倍体组合。因此，在提高四倍体西瓜孕性的同时，还必须注意选配结果率高的三倍体西瓜组合。

（3）利用四倍体杂交一代做母本　利用四倍体西瓜的品种（品系）间杂交，可提高植株的生活力，从而提高它的可孕性，这是解决多倍体西瓜孕性低问题的有效途径之一。据中国农业科学院郑州果树研究所试验，用四倍体杂交一代作母本，培育黑蜜2号，采种量每亩产量可达8.6千克，比对照普通黑蜜2号的采种量（每亩产量5.1千克）高出68.6%。利用四倍体西瓜杂交一代可以不同程度地提高三倍体西瓜的采种量。同样，也应注意不同组合的选配，才能获得理想效果。

2. 栽培措施方面的工作

（1）采用人工辅助授粉　可比自然授粉明显增加单瓜种子数（约增加30%）。另据湖南园艺所的试验结果，采用多量授粉方法的可比自然授粉的单瓜种子数增加46.2%～54.1%，尤其是在授粉后用雄花罩花的效果更好。

（2）选择生态条件适宜地区制种和选择最佳季节播种　这对提高采种量有重要作用。此外，异地制种，不论是用内地繁殖的四倍体西瓜种子去新疆制三倍

体西瓜种子，还是用新疆繁殖的四倍体西瓜种子到内地制三倍体西瓜种子，对提高产种量均有一定的效果。

（3）合理密植　这是提高单位面积采种量的有效措施。根据各地的试验结果，在当地一般密度的基础上，适当增加种植株数，即双蔓整枝，每亩种植1 000株左右时，每亩产种量可以提高20%以上。新疆采用单蔓整枝高密度种植，每亩种植1 500～2 000株，每亩产种子10千克以上。但是密度过大时，则会因降低坐果率而减少采种量。另有人研究表明，一株多果可提高单株采种量20%～50%。所以在一般密度下，加强管理，延长结果期，以增加单株结果数（每株结2～3个瓜为宜），也是提高无子西瓜单株和单位面积采种量的另一有效途径。

（4）增施磷、钾肥　山东昌乐县的试验结果表明，磷、钾肥并用时可提高产种量49%～53%，比单独施磷肥的效果好。此外，施硼对提高采种量亦有帮助，在育苗营养土中每千克加2毫克硼砂，再在孕蕾开花期间隔7天，共喷两次0.05%硼砂液，采种量可提高53%。

四、提高无子西瓜种子质量的方法

1. 采收完熟或过熟的种瓜　种子质量的好坏、发芽率的高低，与种子成熟时的生理变化密切相关。充分成熟的种子，发芽率高于未充分成熟的种子。尤其是无子西瓜的种胚不充实，如果其果实和种子在成熟过程中生长发育不完全，将直接影响种子的发芽率和子代的生长发育。所以种瓜最好过熟3～5天再采收，并在采收后放置于通风的室内后熟几天再取种子。

2. 及时淘洗、晾晒种子　从种瓜中挖出无子西瓜种子后，无须进行酸化处理，立即用清水淘洗，淘洗干净后置于竹席等透气性良好的器物上晾晒。未经酸化处理的种子发芽率高，种壳表面光滑，外观好。不要把种子放在泥土地上或水泥地上晾晒，以免影响种子色泽和混入杂质。晾晒时要勤翻动，至手感不潮时再继续晾晒几日，充分干燥方可贮存。

3. 精选、存放　种子晒干后，先进行风选去除秕子，再进行人工挑选，剔除畸形、色泽不良的种子和石块等杂物，然后将得到的优良种子装入布袋或麻袋内，放在通风干燥处存放。在贮存过程中，要防止酸类、油类、盐类等物质及手上汗渍污染种子。

五、无子西瓜种子的检验与贮藏

无子西瓜种子的检验内容包括净度、纯度、千粒重、发芽率、发芽势和含水量等项目，其中发芽率为重点检测项目。无子西瓜的净度达到99%、纯度达到95%、发芽率达到85%即为合格种子。检验种子首先要取样。因无子西瓜种子采种量少，一般5千克以下取50克，5～10千克以上取150克。种子批量最好少于50千克。若种子批量大时，可多取几个样品。要将样品平均分成两份：一份供鉴定使用，另　份作封存备查。

（1）净度检验　种子净度是指除去杂质和废种子后的净种子重量占样品重量的百分率。具体做法是：用感量1／10克的天平称取样品，然后将样品中的杂质（泥土，石块，植物的茎、叶，以及虫类等各种无机、有机杂质）和废种子（无种胚、无种皮、霉变）除去，再将净种子放在天平上称重，依下列公式计算出种子净度。

种子净度（％）＝（净种子重量／样品种子重量）×100

（2）纯度检验　种子纯度是指具有本品种固有特征特性的植株数或种子数占样品总数的百分比。无子西瓜种子纯度检验，可分田间检验和室内检验两种。

因无子西瓜种子与四倍体西瓜、二倍体西瓜种子有显著差异，所以室内纯度检验，可用肉眼根据种子特征逐粒鉴别，分出三倍体种子和其他种子，然后依据下列公式计算出这种种子的纯度。

种子纯度（％）＝（本品种种子粒数／样品种子粒数）×100

在实际生产中，如能确定该批种子无其他无子西瓜品种混入，该纯度就是该样品种子的纯度，无须做田间鉴定。但如果无法完全区分出四倍体、三倍体和二倍体西瓜种子，或者不能确定有无其他无子西瓜品种混入，则应做田间检验。田间检验，以开花后所结果实（子房）的形状、色泽条带为主要标志，一般不用等到果实成熟就可得出检验结果。由于无子西瓜种子没有休眠期，刚采收的种子就具有发芽能力，因此可尽早安排田间检验，以便及早供应种子。若植株性状不典型，从果实外观上难于鉴别，则应等到果实成熟时再剖瓜检验无子性纯度。

（3）种子水分检验　当种子数量大或经过长途运输和长期贮藏时，需做水分检验。种子量少时，可通过手摸或牙咬等感官手段即可确定种子含水量是否合适。种子专业贮藏单位可使用种子水测仪等仪器来测定种子的水分含量。

（4）千粒重　千粒重是指种子在含水量为8%时1 000粒种子的重量。测定方法是：将净度检验后的好种子，随机取样两份，各为1 000粒，然后放在感量为1/100克的天平上称出每份的重量。检验结果，用两份样品的平均数表示（允许误差为5%）。测得种子的千粒重后，还可根据实测千粒重和实测水分，折合成规定水分的千粒重，计算公式如下。

千粒重（克）=[实测千粒重×（1−实测水分%）]/（1−规定水分%）

（5）发芽率及发芽势检测　发芽率是指有发芽能力的种子粒数占样品总粒数的百分比。发芽势是指在规定时间内发芽种子粒数占样品总粒数的百分比。由于多倍体西瓜孕性差，因而在三倍体西瓜种子中有一部分普通胚，一半以上的折叠胚，还有少部分大小胚以及约10%的空壳。能否在采种时把这些空壳、秕子去除，这是衡量无子西瓜种子质量的一个重要方面。发芽率低，是无子西瓜存在的主要问题之一。因此，正确测定发芽率是无子西瓜种子检验中最重要的检测内容。其具体做法是：随机取出经过净度检验的种子200粒，分成4组，每组50粒，发芽率以4组的平均数来表示。进行发芽率检验时，应用"布卷催芽法"催芽，一般温度可控制在33~35℃，在36小时后计算发芽种子数。未发芽的继续催芽，至72小时全部拿出，计算发芽种子总数。然后按下列公式计算发芽率与发芽势。

种子发芽势（%）=（发芽初期（规定日期内）发芽的种子数/样品种子粒数）×100

种子发芽率（%）=（发芽终期（规定日期内）全部正常发芽粒数/样品种子粒数）×100

计算发芽种子粒数时，小于规定芽长，又无根毛并呈水肿状的种芽，不应计算在内。

（6）无子西瓜种子的贮藏　无子西瓜种子的活力明显低于普通西瓜种子，不仅当年采收的种子发芽率低，而且随着贮存时间的延长，发芽率会很快下降。经验表明，以采收后至翌年的种子发芽较好，所以，无子西瓜种子在生产中提倡当年采种翌年用，不隔年使用。如果有良好的贮藏条件，可以减缓发芽率的下降速度。据中国农业科学院郑州果树研究所试验，在普通条件下，无子西瓜种子存放2年后就不发芽了。但存放在干燥器内时，2年后种子发芽率仅下降6.6%，仍可使用；若贮存在铁罐内，1年后发芽率降至57%，勉强还能利用；2年后发芽率则降至19.5%，就无法利用了。因此，低氧气、低温、低水分是无子西瓜种子贮藏的最优条件。实践证明，干燥贮藏比低温贮藏更重要。

第八章　各地无子西瓜栽培技术实例

第一节　海南无子西瓜栽培技术

　　海南省无子西瓜的优质高效栽培得益于独特的自然条件，西瓜以外销为主。2000年全省西瓜种植总面积达1.1万多公顷，其中无子西瓜种植面积为0.66万公顷，占全省西瓜总面积的60%，占当年全国无子西瓜总面积（6.7万公顷）的9.85%。2000年以后随着全国无子西瓜生产的迅速扩大，由于海南具有独占国内冬春西瓜市场的绝对优势和显著的经济效益，因此，其西瓜生产增长发展迅猛，至2007年全省无子西瓜面积已扩大4倍，达2.67万公顷，占当年全国无子西瓜总面积（21.8万公顷）的12.25%。同时，在此期内，海南在无子西瓜的生产栽培技术上也有很大提高和改进，工厂化嫁接育苗技术更加完善成熟，无公害生产逐步推广，规模化生产经营进一步发展。

　　现将海南无子西瓜生产的主要特点和基本经验介绍如下：

一、海南西瓜生产概况

　　1. 优越的自然条件　海南省陆地面积3.4万平方千米，其中宜农土地约100万公顷，土质多为砂壤土，适合种植西瓜。水源相对充足，采取抽水灌溉措施，四季均可满足西瓜种植需要。

　　海南位于祖国大陆南端，气候温暖。最冷的1月份均温，南部地区为19℃左右，其他地区为17～18℃。全年日照充足，温、光条件四季均可满足露地西瓜栽培需要。其中11月至翌年4月为旱季，无台风暴雨，受寒流影响也很少，是种植西瓜的最佳季节。7～10月份种植西瓜易受台风、暴雨影响，容易导致失败。春节前后上市的西瓜，在1～2月份如受较强冷空气影响，果实偶有空心现象，品质变劣。

　　海南中部为山区，南、北部与东、西部受地形的影响，气候存在差异而各具

特点。海岛南部由于五指山脉阻隔了北下的寒流，冬季特别温暖；西部以东方市为代表，全年雨量相对较少，较为干旱。根据不同的气候特点，形成了西部东方市等以秋种西瓜为主，9月中下旬播种，11月底至12月份上市。南部的三亚、陵水、乐东等地以秋、冬种西瓜为主，播期在10月上旬前后，元旦前后至春节前后成熟，上市主要集中在春节前。岛内其他地区主要在12月中旬至翌年1月中旬播种，其中万宁、琼海、文昌的播期稍早，西瓜上市时间为3月中下旬到5月上旬，以4月份较为集中。

2. **市场以外销为主**　在计划经济时期由于消费水平低、流通渠道不畅等原因，海南西瓜种植面积很少，1980年以前每年约1 333公顷，以内销为主，仅少量外销香港、广州等地。海南建省以后，随着改革开放和市场经济的发展，西瓜栽培面积逐年扩大，商品瓜均以外销为主，市场主要是内地、沿海地区和国内旗各大、中城市。1999年全省西瓜种植面积10 667公顷，平均每公顷产商品瓜27.18吨，总产29万吨，外销西瓜约占总产量的70%。销售价有子西瓜每千克平均为1.6元左右，无子西瓜和小果型西瓜每千克为2.4元左右，最高达4元以上。

2002年全省西瓜面积11457公顷，平均每公顷产商品瓜30.42吨，总产34.85万吨。

海南省根据不同地域类型和发展品种，将全省分为4个优势区域，通过实施西（甜）瓜优势区域布局规划，提高产业化水平，逐步形成生产区域化、良种化、标准化、专业化和产供销一体化的新格局，实现海南省西（甜）瓜生产从粗放型向精细型的转变，由分散型向集约型发展，打造海南省西（甜）瓜精品品牌。把海南省西（甜）瓜优势区建成为我国重要的反季节优质西（甜）瓜生产基地。

1. 西南部优势区

该区域包括昌江县的海尾、十月田、乌烈、昌化，东方县的四更、大田、八所、罗带、新龙、感城、板桥、中沙、东方华侨农场，以及乐东县的尖峰、佛罗、黄流、冲坡、九所等乡镇。截至2010年，优势区内西瓜的种植面积发展并稳定在4500公顷，产量13.5万吨。

2. 南部优势区

该区域包括三亚市的崖城、羊栏、荔枝沟、田独、林旺、藤桥、梅山、天涯、南滨农场，陵水县的英州、三才、文罗、椰林、提蒙、光坡、隆广、本号、黎安、南平农场。截至2010年，优势区内西瓜的种植面积达到5000公顷，产量15万吨。

3. 东部优势区

该区包括文昌市的铺前、锦山、演海、公坡、昌洒、文教、龙楼、东阁、迈号、会文，琼海的长坡、福田、博鳌、中原、温泉、潭门，万宁的龙滚、山根、和乐、港北、大茂、东澳、礼纪、兴隆和南林农场。截至2010年，优势区内西瓜的种植面积达到6000公顷，产量21万吨。

4. 北部优势区

该区包括澄迈县的福山、桥头，临高的多文、加来、南宝，琼山市的演丰、云龙、三江以及定安县的部分乡镇。截至2010年，优势区内西瓜的种植面积达到3000公顷，产量9万吨。

海南生产的西瓜得益于独特的气候，在冬季上市国内没有竞争对手。外销春种西瓜也大多在4月底前后上市，可在广东、广西南部地区的春种西瓜成熟上市前销完。海南的晚春及夏种西瓜，成熟上市时间主要在5月中旬至8月，由于种植的风险较大，销售市场限于省内，销量有限，种植面积相对较小。

二、海南无子西瓜栽培技术

无子西瓜与普通有子西瓜相比，具有中后期生长势强、抗病性较强，耐肥、抗逆性好，容易分批授粉坐果，产量高，质优价高的优势，经济效益较有子西瓜高。随着栽培技术的推广，无子西瓜近年在海南的种植面积越来越大，2000年面积近6 670公顷，占西瓜总面积的60%左右，因无子西瓜单产高，总产量所占的比例更高。根据无子西瓜的生长特性，结合海南特有的自然条件和市场需求，海南无子西瓜生产在借鉴外来经验特别是台湾经验的基础上，通过生产实践，已逐渐形成了独具特色的无子西瓜栽培技术模式。

1. 选择优良品种　品种选择应以市场需要为导向，要求优质、高产，抗逆、抗病性较强，坐果容易，果实一致，商品率高，外观美的品种。海南省现主要品种有农友新1号及省内自选的创利1号等。

2. 推广嫁接栽培　海南从上世纪90年代初就开始进行西瓜嫁接栽培，截至2011年每年西瓜嫁接栽培面积在1.33万hm^2左右，约占西瓜种植总面积的90%，每年生产的西瓜嫁接苗约6000万株，这些嫁接苗由近50个专业化的育苗场按订单方

式生产。海南省在西瓜嫁接育苗和栽培方面已在2009年制定和发布了2个技术标准，即："西瓜嫁接育苗技术规程"和"嫁接西瓜生产技术规程"。

嫁接育苗采用顶插接法，嫁接苗成活首先需保证适宜的温度、湿度。海南嫁接育苗因优越的气候条件，保温、保湿相对容易，嫁接苗的成活率高。嫁接苗的砧木多为本地产葫芦品种，也有广东、广西、台湾等地的同类型葫芦品种。以三亚农优种苗研究所为代表的西瓜嫁接苗生产公司、专业户，有些已形成初具规模的专业化生产，年生产嫁接苗达上百万株，嫁接成活率在90%左右。陵水、文昌的西瓜嫁接栽培已普及，除生产嫁接苗的专业公司、专业户外，瓜农自己也进行嫁接育苗栽培。

3. 栽培方式为稀植，分批授粉、采收　无子西瓜植株的中后期生长旺盛，耐肥，分批授粉坐果容易，增产潜力大。海南种植西瓜因主要供外销，不单纯强调早熟、早上市，所以播期、采收期可根据市场预测相应选择安排，商品瓜分批采收上市外销。同时因无子西瓜种子较有子西瓜价格高，采用稀植可节约用种量，达到高产、高效。因此决定了海南无子西瓜主要栽培方式选择稀植、分批授粉、采收。种植密度以农友新1号、创利1号为代表，一般每亩种植190～230株，行距3.5～4米，株距0.7～0.9米，通常畦宽（包括水沟）为7～8米，靠边双行栽植，瓜蔓相对向畦中间爬伸。排水容易的山坡地做畦多为低畦浅沟，排水不良的地块须做高畦，并按地势加挖排水沟，以保证排水顺畅。

冬季种植由于坐果期温度相对偏低，有利于植株营养生长，授粉坐果则相对较难，很易造成植株徒长，栽植密度应相对稍疏，每亩栽植190～210株，以便植株在不整蔓的情况下拥有较大空间可多蔓生产，减少徒长现象，有利授粉坐果。春、夏季节可稍密，每亩栽植230株左右。授粉留瓜方法，第一次授粉的节位在主蔓第二十二节前后，自第三雌花开始。侧蔓上同时开的雌花也进行授粉，第一批授4～5朵雌花，选留瓜2～3个。过15～20天待选留的瓜坐稳膨大后，可进行第二次授粉，见雌花尽量授粉，让其自然竞争留果，待瓜坐稳后去除畸形果，选留3～4个。如植株生长旺盛，见雌花开放可继续授粉留瓜，充分利用无子西瓜中后期生长旺、肥水足够时能连续坐果的特性。多次授粉留瓜，应根据植株生长是否旺盛、肥力是否充足决定。在多次授粉分批采收时，第一次收瓜后应及时追施肥料，以保证后授粉瓜的生长需要。

稀植、不采取全面整枝的优点还可减少田间操作对瓜蔓的损伤，减少病害感染。采取稀植，分批授粉、采收，平均每株一般可留4~6个商品瓜，单瓜重大部分达到5千克以上，每株最多坐瓜可达10个以上。当地力贫瘠、肥力不足、植株长势较差时，也可只收一批瓜，每株留果2~3个，种植密度可增加到每亩250~280株。

4. 地膜覆盖栽培　地膜覆盖栽培可起到提高土温，改善光照，减少土壤水分蒸发和肥分流失，防止土壤板结，改善土壤结构，提高土壤肥效，抑制、减少杂草生长，降低地面湿度，增强通风透气等优点，其综合效果主要表现为增产显著。据试验，比不覆盖栽培能提高产量30%~50%。由于地膜覆盖栽培保肥、保湿能力佳，也为连续授粉坐果创造了均匀良好的肥水供给条件。此外海南的病虫害发生较多，银黑色地膜对蚜虫等有明显驱避作用，能减轻虫害，同时也减少了病毒病的传播危害。目前海南无子西瓜栽培绝大部分均已采用银黑色地膜覆盖，地膜的幅宽一般为1米。

5. 施肥特点　无子西瓜的中后期长势旺，增产潜力大，需肥较普通西瓜多。为保证商品瓜品质，在增施肥料的同时，强调多施有机肥。有机肥的肥力持久，多施可为连续授粉坐果提供良好的肥分供给。同时有机肥的营养全面，在满足生长需要的基础上还可明显改善商品瓜品质。

基肥用量一般每亩施腐熟的家禽、畜粪1 500~2 000千克，农家肥按亩加50千克过磷酸钙、30~50千克花生饼肥堆沤。有机肥用量不足的地块，每亩可适当增施挪威产三元复合肥50~100千克，氯化钾15~20千克。施肥方法是：结合做畦在畦面开沟，分3条沟施下后回填土，沟距约20厘米，第一沟为种植沟，施后覆盖地膜。

追肥在地膜外瓜蔓生长端处开沟，结合除草培土时追施。一般追肥1~2次，每次施挪威产复合肥15~20千克，氯化钾6~8千克，尿素5~7千克。果实膨大期追肥随水灌施于沟中，灌水切忌漫上畦面，以畦湿为度。每次用挪威复合肥5~8千克，氯化钾6~7千克，尿素5~7千克，追肥次数、用量视植株长势与分批授粉留瓜的需要而定，如连续收瓜的时间长，可分3~4次追施。果实膨大期追肥方法，也可用少量复合肥在离植株基部约50厘米处穴施，施后浇水。

6. 其他管理

（1）**瓜蔓固定**　待瓜蔓倒爬后分开顺牵，让其自然生长；为防止风吹摇摆造成瓜蔓、幼果损伤，必须及时压蔓固定。压蔓方式多采用竹片条签以倒"V"

字形固定蔓或卷须，间隔3~4节在离瓜蔓生长点约15厘米处固定，避免在幼嫩处固定造成损伤。瓜蔓充分伸长后能自然互相缠绕，并靠自身卷须附着固定。

（2）病虫害防治　育苗及移栽定植后的整个生长过程，对病害均需以防为主。移栽前后应喷药防病保证全苗。坐果至果实膨大期为防病关键时期，应定期喷药防病，风雨天气前后更要及时喷药防病。虫害应根据其发生规律，有针对性地喷药防治，同时要注意观察，及早发现虫情并进行喷药。

（3）灌水　灌水以保持叶片中午不萎蔫为度，瓜坐稳至2千克大时应加大灌水量。分批采收的瓜，在前期收瓜时应保证瓜地适度湿润，以保证后续瓜坐稳膨大时对水分的需要。

（4）配置授粉品种　需按种植总株数的8%另配授粉品种，当地大多以新红宝作授粉品种，授粉品种可迟播5天。授粉时集中采集花粉，雄花采后应立即用于授粉，每朵雄花可授雌花2~3朵，授粉时间以上午8~10时为佳。遇雨天可采集雄花存放，当降雨停止后再进行授粉。

（5）采收　商品瓜应适时采收，采收前7天停止灌水，以保证商品瓜的质量。外销的商品瓜八九成熟时采收，根据客商的要求进行包装与运输。

第二节　广西无子西瓜栽培技术

广西是我国研究和推广无子西瓜较早、较多的地区之一。全区每年无子西瓜种植总面积约1.3万公顷，总产量达60多万吨，年出口量3万~4万吨。

广西地处祖国的南疆，发展无子西瓜商品生产有着得天独厚的自然条件和有利的地理条件。该区属热带和亚热带气候，水、热资源丰富。大部分地区的全年平均气温高、降雨量丰富。在地理上具有沿海沿边优势，毗邻经济发达的珠江三角洲和港澳地区。这些独特的自然条件和地理条件，使广西每年从4月底到11月底都有无子西瓜出口和外运内销的巨大优势。在无子西瓜栽培技术上，广西自20世纪80年代末就开始推广无子西瓜嫁接育苗技术和生产技术的改进，经过30余年的研究与示范，嫁接育苗与生产栽培新技术已日趋成熟，并已经推广普及到千家万户，培养出了一大批无子西瓜嫁接育苗技术能手。目前，广西无子西瓜的85%以上均采取嫁接育苗技术，每年有大批无子西瓜嫁接育苗技术专业户外出分赴海南、广东、湖北、湖南、云南等省，推广开发无子西瓜嫁接育苗技术，从而逐步形成了具有广西特色的以嫁接技术为中心的无子西瓜生产栽培新模式。

广西无子西瓜的栽培季节主要有春植和秋植两季。春植早熟栽培一般是在12月底至翌年2月上旬播种，采用大棚或小拱棚嫁接育苗，定植后的大田栽培采用半保护地栽培，即定植后前半期采用地膜、天膜双覆盖，到了授粉前拆除小拱棚改为露地栽培。由于采用了这种半保护栽培措施，从而提早了商品瓜的成熟上市时间，其中桂东南地区上市最早，在4月底至5月初商品瓜即可开始上市，主要远运北方城市和销往港澳。春植无子西瓜的经济效益较高，春天是全年的主要栽培季节，种植面积约占全年生产总面积的2/3，全生育期95～105天。秋植延后栽培一般是在6月底至9月初播种。秋植的面积较小，约占全年生产总面积的1/3，全生育期较短仅75～80天，秋植无子西瓜的经济效益十分可观。

一、无子西瓜的嫁接育苗技术

1. 育苗设施的准备

（1）苗床的选择及建立　选择背风向阳、地势干燥、排灌方便的平地搭建竹木结构的简易育苗大棚或小棚。一般采取南北走向。育苗大棚宽6.5米，能刚好覆盖上一幅宽为9米、厚8微米的农用薄膜。小棚以3米为宜，刚好可利用幅宽6米、厚5微米的农用薄膜。育苗大棚长度一般为20～30米、小棚长度为10～15米，以利于通风换气。按此规格的每个育苗大棚一般可育3万～4万株苗，小棚可育0.4万～0.5万株苗。

（2）育苗基质的准备　育苗基质可使用自行配制的营养土，也可购买专用无土育苗基质。育苗容器可用营养杯，也可用穴盘。由于穴盘使用方便，今后将逐步取代营养杯。

营养土的配制：采用无病、无虫卵、无杂草的表土或风化塘泥，加入20%～30%腐熟的农家肥或草木灰拌匀、过筛，育苗前将营养土装入8厘米×10厘米营养杯中，在棚内摆成宽1～1.2米，长与棚长相当的畦面，畦间留宽约40厘米的走道。

无土育苗基质可购买鲁青牌或农友牌产品。为了降低成本，生产上大部分是利用当地的资源自制无土育苗基质，如利用甘蔗渣、木薯皮、木薯渣、木屑、椰糠、煤渣等，加入20%～30%的农家肥、磷肥等堆沤配制而成。这项工作一定

要在育苗前3～4个月准备好，以保证基质发酵充分。一般在播种前一天，将配制好的基质洒水拌匀，湿度以手抓成团、松手散开为宜，将基质装入穴盘，盘面要平整。

（3）催芽箱和培育接穗苗温室的建造　催芽箱可建在水电使用方便的室内或棚内。自制的催芽箱主要由控温仪、电热线、木箱构成。大小可根据育苗规模而定。一般长2米、高1.5米、宽0.8米，内分5～6格层，每层高25～30毫米规格的催芽木箱，可保证100万株以下嫁接苗的催芽容量。木箱内每格层底部均匀排列分布电热线，底部3层的布线数略多于上部。通过控温仪调节，将温箱内的温度控制在25～35℃。同样，如只使用木架外罩塑料薄膜也可建成一个简易实用的催芽温箱。

育苗棚的加温设备可使用加温线、电热毡、100瓦白炽灯等。

2. 砧木接穗品种的选择　砧木多选用本地葫芦、蒲瓜和北方葫芦等，近年开始使用野生西瓜作砧木。接穗品种主要选用广西三号、广西五号、丰乐一号、新一号等无子西瓜品种。具体品种也可由客户指定或根据当地栽培习惯选择。

细菌性果腐病（BFB）是无子西瓜嫁接育苗期内的毁灭性病害，由于它是由种子带菌引起，因此，嫁接育苗要选择无BFB病菌的健康砧木和无子西瓜种子。购买无子西瓜和砧木种子时一定要查明来源，病区生产的种子不要使用。

另外，由于砧木和无子西瓜种子的成熟度和饱满度不同，因此买回的种子应进行复晒，并剔除小粒种和次种。

3. 砧木和无子西瓜接穗苗的培育

（1）催芽和播种　砧木种子外壳较厚，浸种和催芽时间要比无子西瓜种子长一些。在常温下，砧木种子用清水浸种需12～36小时，而无子西瓜种子只需浸8～12小时即可。为了预防细菌性病害的发生，种子要进行药物消毒，可用乐无病或可杀得或农用链霉素加普力克、苗菌敌等，一般浸种5～6小时后，取出清洗，擦干种子表面水分，用湿布包好，置于催芽器具（木托、托盘）内，再覆盖一层地膜，置于催芽箱中催芽。砧木种子较多时，勿将种子堆放过高，以3～4厘米厚度为宜。催芽温度为32～35℃。一般无子西瓜种子经过12～18小时，葫芦种子经过24～36小时，发芽率可达85%以上，出芽后即可取出播种，未出芽的用湿布包好，再继续催芽。

广西普遍采用的是小苗插接法，为了使砧木和接穗同时达到最佳嫁接形态，一般根据天气情况结合砧木苗的生长状况来调节确定无子西瓜的播种时间：晴天气温较高时（晚上气温不低于15℃，白天气温在20℃以上）砧木苗大部分出土后，可进行无子西瓜种子催芽；但当气温偏低时（晚上温度在15℃以下，白天温度不超过25℃），砧木苗两片子叶平展，即可进行无子西瓜种子催芽；当天气持续阴冷，或预报有冷空气降临时，则应待砧木苗露出第一片真叶时才进行无子西瓜催芽。

（2）砧木苗的培育　播种前1～2天用清水淋透营养杯或穴盘。当砧木种子出芽后就可以点播，若天气晴好，夜温不低于15℃时，砧木种芽长度以露白至1厘米为宜；若气温偏低，夜温低于15℃时，砧木种芽催长至1.5～3厘米为好，这样可缩短砧木出土的时间。点种时，种芽向下、轻放，随即盖土厚1～1.5厘米。点种后用敌克松800倍液作为定根水淋喷，再盖薄膜保温保湿。如在夏秋季高温期育苗，气温在30℃以上且烈日照射时，可用遮阳网覆盖。

点种后2～5天，砧木苗开始出土，当有1/2出土后，就要及时去除地膜，浇水保温。砧木苗出齐后，就要及早人工除去子叶上的种壳，并开始进行通风炼苗。炼苗时如天气晴好，可揭开大棚两头进行通风降湿、降温。

遇上阴天或吹干风天气时，可用高30～50厘米的薄膜墙围住棚两头下方通风口，不让冷风直接吹向苗床，而空气又可从棚的上方流动，这样既可炼苗，又可保护砧木苗的正常生长。砧木苗的生长速度则视天气而定，天气晴好时，点种后7～12天可长到1～1.5片真叶的最适嫁接苗龄；若天气阴冷，则需15～20天。

（3）接穗苗的培育　可用无病菌、虫卵，基质疏松、通透性好的混合营养土或河沙、无土基质等为基质培育西瓜接穗苗。当西瓜种子催芽出芽后，播在专用育苗大棚的苗床上（或育苗托盘上），并用苗菌敌或敌克松800～1 000倍液喷洒消毒，用基质覆土约1厘米厚，表面轻轻地喷洒水后再覆盖薄膜保湿。用托盘育苗的可以把托盘放入温箱中。在苗床育苗的，苗床要布设加温线或电热毯、白炽灯等加温设施，使温度保持在28～35℃。在温箱育苗的，2～3天后，西瓜苗破土长至2厘米高时，把托盘取出，除去薄膜后适当淋水，置于苗床中炼苗；在苗床育苗的，破土后也要除去薄膜，进行炼苗。炼苗时，苗床温度保持在25～35℃，炼苗1～2天。经见光炼苗，接穗苗组织生长充实，抗逆性强，嫁接后愈合快，成活率高，生长势强；特别是遇到低温时，更要注重见光、降湿炼苗。若不经炼苗，接穗生长细弱，胚轴黄化，即使嫁接成活，也生长缓慢。无子西瓜

种壳较厚，难以自动脱落，炼苗时要及时将种壳脱去，使子叶尽快见光转绿。当瓜苗长至3~5厘米高时，胚轴稍转绿，硬直不弯曲，子叶开张至展平，叶色转绿时即可进行嫁接。

4.嫁接方法及操作技术　小苗顶插接法操作简便、效率高、愈合快、成活率高，适合大规模产业化育苗。其技术步骤如下：摘除砧木生长点→插竹签→削接穗→插接穗。嫁接工具为竹签和刀片，事先将竹签一端削成与西瓜苗下胚轴粗度相同的楔形，先端渐尖。嫁接时，左手的拇指和食指轻轻捏住砧木子叶的基部，右手将砧木苗第一片叶基部连同生长点摘掉，用竹签沿一侧子叶中脉基部向另一子叶中脉叶柄下方位置，约按45°角斜插一孔（竹签从砧木的中心斜穿出），深度为5~10毫米，力度以用手指捏茎略感到竹签已扎通为宜，切忌力度过大而将砧木穿裂开。插竹签后，左手取接穗，用拇指和食指轻轻捏住接穗的两子叶，无名指和小指夹住接穗下胚轴下端近根部位，用中指顶住接穗下胚轴中部，接着右手拿刀片在离接穗子叶柄下1~2毫米的胚轴处削一刀，稍转一点后在另一面再削一刀，削成具有两面切口的楔形状（尖刀口状）。将切好的接穗（呈尖刀面向下）准确地斜插入用竹签插好的插孔内，接穗子叶与砧木子叶呈"十字"交叉。接好后及时覆盖地膜。

嫁接技术是西瓜嫁接成活的关键技术，嫁接时要注意以下事项：①接穗的切口要宽阔，使接穗与砧木的接触面大，砧穗维管束相连，这样极易愈合成活，生长快速，出圃率高；反之如切口面窄，砧穗间接触面小，愈合慢，特别是在低温条件下生长极慢，甚至不愈合，成活率和出圃率低。②嫁接时，如砧木大小不一，对砧木细小的，要选用相应细小的竹签，穿插时以砧木不开裂为宜，接穗切口也应切窄短些，嫁接时也可从砧木生长点直接插入。砧木过大的易中空，嫁接时用斜插，接穗切口也应削得长和宽些，插入插孔时外露少些为宜。当砧木粗大时，切勿为了插接穗方便，用过粗的竹签把插孔弄得过于宽大，造成砧穗接口不能紧密接触。③在嫁接过程中要随时保持刀片的锋利，一般一片刀片在使用2~3天后就要更换，以保证切口平滑，缩短伤口的愈合时间。④在大规模嫁接育苗时最好进行流水作业，即专人切削接穗、专人嫁接、专人整理，这样的流水作业可提高工作效率。

5.嫁接苗床的管理

（1）温度管理　嫁接苗愈合的适宜温度为25~28℃。一般嫁接育苗在定植前20～40天进行，春植的嫁接育苗多在冬春季进行，广西此时为全年最冷季节，常常出现连续3～5天日平均≤12℃的低温阴雨天气，对嫁接伤口愈合不利。为了加快愈合，提高成活率，育苗棚内最好设置加温设施。如在棚内挂100瓦或以上的白炽灯或安装加温线及专用加温灯等，以便在低温时能及时加温抵御。夏秋育苗，正值高温季节，棚内温度高达35～38℃，此时应打开大棚四周围膜，上盖高密度的遮阳网来遮荫降温，并应经常喷水，以达到降温和补充水分的目的。

（2）湿度管理　嫁接后头三天，畦面需用地膜覆盖，湿度保持在90%以上。如果为晴天，白天要用遮阳网遮荫，以免阳光直照苗床。为防止在高湿状态下发生病害和产生高脚苗，第三天就应通风降湿和炼苗，头一天早晚打开地膜透气10分钟左右，第四天后可逐渐延长通风时间，但注意不能让风直接吹向苗床，以免嫁接苗过快脱水，造成萎蔫。一般嫁接7天后，就会长出真叶，此时长时间打开覆膜也不萎蔫，表明砧穗已完全融合，就可以不用盖膜，可加大炼苗强度。

（3）光照管理　嫁接后7～9天，应避免强光直射苗床，在晴天，要用遮阳网遮荫。否则气温高时，嫁接口易失水干枯，难以愈合，成活率低。如遇阴雨天气，则无须遮阳，而充分利用自然光照提高棚内温度，促进愈合。

一般嫁接后第三天起，早晚不用遮阳，中午遇强光照时再遮阳。以后逐步增加见光的时间和强度，但必须保证瓜苗不凋萎，保持硬挺状态。在调节光照炼苗过程中如发生萎蔫，应及时浇水和遮光。

（4）除萌与追肥　砧木在子叶基部常萌发侧芽。这些侧芽生长快速，与接穗争夺养分，影响接穗的正常生长。因此，嫁接后10天左右，要及时摘除砧木的侧芽，摘芽时注意不要损伤砧木的子叶和接穗。

无子西瓜嫁接育苗从砧木播种到嫁接苗出圃，一般需要20～45天。苗龄越长，根系越易老化，吸收养分的能力降低，营养杯内基质的养分逐渐消耗已不能满足其生长需要，故须合理调施肥料。施肥的方法是：嫁接后5天淋施0.1%磷酸二氢钾加0.1%尿素的混合液，或施0.3%复合肥，每7～10天追肥1次。苗龄长的砧木，营养贮备可能不足，可在嫁接前2～3天追施1次肥料，然后再嫁接。

（5）病虫害防治　病虫害防治以预防为主，通过基质处理、种子处理、苗床管理等各环节进行综合预防。农药防治也很重要，每次播种前或播种后用70%敌克松800倍液、苗菌敌800倍液加70%甲基托布津1 000倍液等杀菌剂淋透苗床消毒，对防治苗期猝倒病有特效。培育无子西瓜接穗的基质不能重复利用，以杜

绝病原。砧木出齐后喷淋一次杀虫剂和杀菌剂，嫁接前1～2天再喷1次，药剂可选用加瑞农800倍液＋扑海因1 000倍液，或霜霉威1 000倍液＋800倍苗菌敌或氢氧化铜900倍液。嫁接第四天后就开始喷药，苗期喷药注意浓度不可过高，以有效使用浓度的低值为准，以后视具体情况喷药。

二、无子西瓜的春植早熟栽培技术

1. 土地选择 广西大部分地区以沙质壤土、红砂壤土、丘陵红壤为主，这些土质均可栽培无子西瓜，但以沿河两岸冲积土最为理想。其次，要选择水源近、排灌方便的水田、旱地及坡地。选好土地后要提前深耕晒土，提高土壤熟化程度和通透性，以利于无子西瓜的生长。

2. 定植前的准备

（1）整地起畦 双行定植时的起畦规格是沟长3.4～3.5米、宽2.6～2.8米；单行定植时的起畦规格是沟长2.2～2.5米、宽1.8～2.2米。畦面做成龟背状，畦高33厘米。水田或低洼地的畦面要求高一些。在离畦沟边50～60厘米处，开1条25～30厘米深的浅沟，以便施放基肥和便于定植。

（2）施好基肥 每亩施腐熟农家肥1 000～1 200千克、复合肥20千克、花生麸20千克、过磷酸钙或堆沤好的钙镁磷肥15千克，将基肥均匀撒放到施肥沟内，与土壤拌匀。

（3）种植密度和配置授粉品种 种植无子西瓜既可密植又可稀植。密植栽培一般每亩500～550株；稀植栽培一般每亩120～180株。作为授粉用的有子西瓜与无子西瓜的种植比例为1：10～15，其畦面应稍宽，定植株距为1米左右，每亩种植密度掌握在400株左右。有子西瓜与无子西瓜可同时播种和育苗。但定植时须分开种植。

（4）科学定植 当嫁接苗有1.5～2片真叶、气温在15～16℃时，就应选在阴天及时定植。这时小苗定植，有利于瓜苗的恢复和生长；雨天及光照强烈的中午，不宜定植。定植苗应选用叶片健全、无病无虫的健壮苗，起苗时要尽量不损坏营养杯，以免伤根。为了防止营养杯泥土松散损伤苗根而影响定植成活率，应将选好的苗置于加有甲基托布津的池水内浸泡，直至营养杯土吸水达到饱和、无水泡冒出为止。浸苗前挖好一个宽1米、长2米、深为30～40厘米的水池，并铺垫一块完好薄膜，以防止漏水，水池灌满水后加入0.3～0.4千克甲基托布津搅拌均匀，供浸苗用。

定植时应尽量少伤根系，保证根系完整，以利于瓜苗的恢复和生长。种植的深度以杯面与畦面基本相平，覆土2~3厘米厚即可。瓜苗定植后，应及时淋足定根水。水要淋在瓜苗周围，避免直接淋瓜苗。定植后，应及时覆盖地膜，再用竹片做成小拱棚覆盖天膜。双膜覆盖的具体做法是：先盖地膜，再破膜孔放苗，并用小泥团压住破膜孔边，盖地膜时应防止地膜压伤压断瓜苗；然后用竹片在定植畦两侧的地膜边上插弓，做成小拱棚架，拱棚架端头用两条竹片做十字形弓加固。拱架做好后，就可以在上面铺盖天膜。拱棚的长度应视地势而定，一般长25~30米，高40~50厘米。一个小拱棚种植1行，1个畦上面种植2行，布架两个小拱棚。铺好的天膜、地膜，都要拉直拉紧，膜边压好泥土。

3. 小拱棚的管理

（1）破膜打孔防高温　采用双覆盖小拱棚栽培，在晴天特别是光照强烈的中午，小拱棚内的温度可高达35~36℃，甚至短时间出现50~52℃高温，如果不加注意，易造成高温烧苗，故必须根据天气变化，及时采取破膜打孔措施，避免棚内出现高温。破膜打孔一般在定植结束后就要及时进行。桂东南地区，在1月中旬就开始定植，2月中旬大量定植，此时的气温一般不会很高，破膜打孔可以小些。第一次打孔，破膜孔打成3号电池大小即可。其方法是用相应大小的竹条、木条，在每株定植苗位置上面的天膜上打穿1个孔，两株苗之间亦可以打1个孔。小拱棚南北方向时，宜在东面打孔，小拱棚东西方向时，则宜在南面打孔。3月份后，气温升高，瓜苗逐渐长大，必须加大破膜孔，特别是在3月中旬后，小拱棚内的温度短时间内会出现高温，这时应把小拱棚两侧和两头的天膜都破膜打孔，以便有效防止高温烧苗。

（2）追肥　定植后5~7天即可开始追施速效淡水肥，以促瓜苗快长。速效淡水肥可用尿素和复合肥按1：2比例混合，浓度不要超过0.3%。淋肥液1~2次即可。淋肥时可用较粗大的竹片从地膜下面撬开一道缝淋苗，亦可把天膜掀开一侧，淋肥完毕再把天膜盖好。以后，看苗追肥，若叶色淡黄，瓜蔓细弱，生长点（称"龙头"）平地伸展，瓜藤的尾端呈老鼠尾状，即表明瓜苗缺肥，需要适当补肥。若瓜藤生长过旺，叶片粗厚，叶色浓绿，生长点粗大昂起，此时就应停止追肥。

（3）病虫害防治　主要病害有疫病和炭疽病。疫病可用雷多米尔锰锌

600～800倍液喷洒，炭疽病可用甲基硫菌灵800～1 000倍液喷洒。虫害主要有菜青虫、烟青虫和蚜虫，可用5％氟啶脲乳油2 000倍液喷杀。

4.中期管理

（1）中耕　一般在瓜蔓长到45～60厘米时就要进行中耕。中耕要细而全面，方法是远深近浅，尽量不伤根系。

（2）追施重肥　施重肥可以满足西瓜膨大发育需要，是获得大瓜、好瓜和取得高产的关键措施。重肥施用既不宜过早，亦不宜过迟，否则对授粉坐瓜不利，影响产量。一般中耕后5～7天即可进行，施重肥后7～10天便可进行人工授粉。施用重肥距离植株不宜过近或过远，具体距离要根据土壤疏松、坚实程度及植株根系的生长发育等因素而定。比较疏松的土地，植株根系较发达，施肥的距离要远些，而坚实板结土地，植株根系不够发达，施肥的距离则应近些。一般离植株50～60厘米处开1条深约25厘米的浅沟，每亩施腐熟农家肥300～500千克、复合肥30千克、沤熟花生麸15千克，然后填平土沟即可。

（3）拆棚放蔓　一般清明前后气温已基本稳定，即可拆除小拱棚放蔓。桂东南地区在3月中下旬。

（4）铺草　拆棚后，就应抓紧时间铺草，最好使用蕨草（俗称芒萁草）。如使用甘蔗叶，则要在铺完后喷洒1次3％啶虫脒乳油2 000倍液，以预防发生蚜虫害。铺草的厚度以看不见土为宜。

（5）整枝引蔓　整枝引蔓是把瓜蔓牵引摆放排齐，避免瓜蔓相互拥挤，以利于通风透光、减少病虫害，更主要的是有利于以后的人工授粉工作，提高坐瓜率。无子西瓜嫁接密植栽培的整枝方法有两种：一是主蔓及靠近根部的一条粗壮侧蔓的双蔓整枝法。二是主蔓和两条健壮侧蔓的三蔓整枝法。无子西瓜嫁接稀植栽培一般不进行整枝，采取放任生长，一般每株留5～7条蔓，采用自然引蔓法，不得随意翻蔓和压蔓。整枝打芽宜在晴天进行，整枝后要用甲基硫菌灵800倍液喷雾，防止病菌从整枝伤口侵入。

（6）人工授粉　第二、第三、第四朵雌花授粉较易获得高产，第一朵雌花一般不授粉。授粉时间视当天天气情况而定，一般气温在28℃、早上6时左右花朵就完全开放，授粉最佳时间是在花朵开放后的2小时之内，这段时间的综合条件最佳，有子西瓜的雄花花粉活力最强，抓紧在这段时间内进行人工授粉，坐瓜率最高。

（7）病虫防治 中期病害主要是炭疽病，可用甲基硫菌灵800倍液防治。对于中期发生的蚜虫、蓟马和瓜叶螟等虫害可使用灭多威2 000～2 500倍液喷杀。对于黄守瓜幼虫，可使用敌敌畏800～1 000倍液淋根。

5. 后期管理

（1）除芽摘顶 一般坐果前的腋芽要摘除，当幼瓜长至鸡蛋大小时留5～6片叶摘顶。当幼瓜长到0.5～1千克后，留根芽和4～5条腋芽并放任生长。

（2）留瓜 幼瓜长到0.5～1千克，一般不会再落果时要着手选定瓜，每株留瓜1个。应选果形正、皮色鲜、节位在第二十二至第二十五叶之间的留果，若能留得第三、第四朵雌花坐瓜，获得大瓜的可能性大。

（3）水肥管理 从授粉后到18～23天之内，无子西瓜果实的发育膨大达到高峰。抓住这段时间及时促水促肥，对西瓜的发育膨大和夺得高产非常重要，此时期浇水要充足，追肥则视植株的生长状况确定。如果叶色浓绿，可不必追肥，如果叶色逐渐转黄则应进行追肥，可用堆沤好的花生麸和溶解好的复合肥兑水淋施。如果土壤比较湿润，亦可用尿素和复合肥按1∶2的比例混合肥进行穴施。

（4）护瓜 为使果实均匀发育，在选留瓜后，应注意翻瓜，翻瓜的角度不宜过大，用力不宜过猛。在果实发育至七成熟时，应把瓜竖立起来，并在下面垫一层草使瓜形周正，果皮着色均匀。光照强烈时，应在瓜上面盖些草，或用瓜叶遮荫，以免日光灼伤果实。

（5）病虫害防治 后期的主要病害有炭疽病和疫病，防治方法同前。对于生长后期普遍发生的烟青虫、菜青虫，可使用低毒、安全的5%氟啶脲乳油2 000倍液防治。而对黄蚂蚁，可用敌敌畏600～800倍液喷杀，或用石灰撒在坐瓜处，再垫上一层草进行预防。

（6）采收 广西春植无子西瓜授粉后30～35天即可成熟，成熟后要及时采收。采收时要轻拿轻放，托运中要防止颠簸挤压。运输时间较长的，西瓜八成熟即可采收。采收时要分级装箱，并把次瓜、病瓜、烂瓜剔除。原则上雨天不收瓜。当天采收，当天运走。

三、无子西瓜的秋植延后栽培

广西无子西瓜的秋植延后栽培，每年都有一定的种植面积。由于气温高，植株生长快，整个生育期仅75～80天。其栽培技术和管理措施与春植栽培大致相同，但应根据秋季的气候特点，采取相应措施，加强技术管理，提高栽培效益。

1. 品种选择　秋栽品种应选择丰产性好、抗病抗逆性强、耐高温高湿性强并能在秋季生长的品种，同时要选择在市场上竞争力强、适销对路的品种。

2. 播期安排　播种期的确定要考虑到各地具体情况、上市要求及西瓜生长后期可能受寒露风影响的情况。根据多年的实践经验，桂中、桂西、桂北一般可选择在6月中旬至7月中旬进行嫁接育苗，商品瓜在国庆节前后上市；沿海地区为避免台风的影响，应选择在8月中旬左右进行嫁接育苗，商品瓜在11月中下旬上市。

3. 整地定植　要选择靠近水源、排灌方便的地块提前整地，并开好排水沟，防止大暴雨时被水淹渍。其他可参考春植栽培。

4. 地膜覆盖　秋植无子西瓜，因为气温高，仅需采用地膜覆盖即可。这样可以起到保湿、除草、驱避虫害及防止表土板结等多重作用，并能使植株生长比较整齐一致，有利于田间管理。

5. 加强中期管理，合理整枝引蔓　秋植无子西瓜，由于全生育期较短，管理过程中的各项工作环节衔接紧凑，必须抓紧时间，工作宜早不宜迟。当瓜蔓生长至50～60厘米时，应及时中耕松土，铲除杂草，并要施用重肥和铺草。

秋植无子西瓜的营养生长和分枝性比春植的稍弱，但在天气正常的情况下，特别是在水肥条件充足的条件下，也易发生营养生长过旺，造成通风透光性差，造成病虫害严重，从而影响授粉和坐瓜，因此，必须及时整枝引蔓。整枝引蔓可采用双蔓整枝或三蔓整枝，把多余的侧蔓和孙蔓打掉，防止枝叶生长过密过旺，以利于授粉和结瓜。

6. 水肥管理　秋植无子西瓜的水肥一定要充足，但要防止水肥过多，造成营养生长过旺，或者发生肥害的现象。施基肥和追肥的方法可参照春植西瓜的做法。由于土地比较容易干旱，补肥要以水肥为主，以利于植株的充分吸收和利用。可用沤熟的花生麸或溶解好的复合肥对水淋施。要特别注意及时做好抗旱防涝工作，尤其在果实发育膨大期，一定要保证有足够的水分。

7. 病虫害防治　秋植无子西瓜处在高温高湿季节，其病虫害的发生较为普遍，尤其是黄守瓜的为害更严重，因此首先要防治黄守瓜。其方法如下：在西瓜生长前期覆盖地膜，前期可用90%晶体敌百虫，对成虫用1 000倍液喷洒，对幼虫用1 500～2 000倍液喷洒，中后期可用灭多威喷洒，喷药要迅速连续，一般

3~4天喷1次，连续喷2~3次即可。此外，要清除瓜田周围杂草，防止黄守瓜等害虫孳生和躲藏。蚜虫、蓟马、烟青虫、菜青虫等发生也较为普遍，可用灭多威、氟啶脲等农药喷杀。

生长期的病害，苗期主要是疫病和猝倒病，中后期主要是炭疽病和疫病，防治方法同春植栽培。

第三节　南方丘陵地区无子西瓜栽培技术

长江以南大部分地区为丘陵地区，山岭相连、峡谷相间、地形复杂，不同的地形及海拔高度形成了不同的光、热、水、气条件。同时，丘陵地区土壤有机质含量丰富，昼夜温差较大，有利于西瓜糖分的积累，品质较优，因而无子西瓜在丘陵地区得到了迅速的发展。特别在300米以上的高海拔地区，气候回升慢，夏季温度又不高，适宜于无子西瓜的延后栽培，它丰富了市场，又增加了山区人民的收入。正因为如此，无子西瓜在南方丘陵地区种植面积越来越大，经济效益十分显著。

丘陵地区无子西瓜栽培技术与平原地区相比，有共同点，也有不同点，现根据其栽培特点将有关栽培技术介绍如下。

一、土壤及品种选择

无子西瓜枝叶繁茂，根系发达，主根入土较深。它对土壤的要求不严，但以土层深厚、肥沃的沙质土壤最好。丘陵地区的缓坡地、冲积地均属于这种类型。因此，应选择排灌方便、土层深厚肥沃、背风向阳、坡度不大的地块栽培，切忌连作。丘陵地区春、夏多雨，空气潮湿，土壤湿度大，宜采用高畦栽培。畦（厢）宽根据地形确定，一般为3~5米，厢面整成龟背形，单行或双行定植，畦沟分主沟、侧沟，主沟深30厘米，侧沟深25厘米，做到沟沟相通，雨过沟干，不积水。山坡较陡的地块可做成比土面高出15厘米的瓜畦，以防止雨水冲刷，促进根系生长。

适宜栽培的品种是丘陵地区无子西瓜种植的关键。根据丘陵地区的土质及气候条件，应选用生长势中等、抗病耐湿、坐果率高、中大果型、品质优良的中早熟无子西瓜品种，如雪峰花皮无子、雪峰黑马王子及黑蜜2号等品种。

二、根据气候条件确定播种期

丘陵地区的早春温度比平原地区一般要低，而无子西瓜苗期的耐寒性比普通有子西瓜弱，因此播种不宜过早。在海拔300米以下的地区，一般在清明前后播种；海拔在300米以上的地区，播种期应安排在5月中下旬。为防止烂种和僵苗，宜采用地热线育苗。技术条件成熟的高海拔陡地种瓜，也可采用大田直播，以节省劳力和成本。总之，高海拔地区无子西瓜的播种期宜迟不宜早，目的是避免早春寒流对瓜苗的影响，确保全苗。

三、种子处理与破壳催芽

（1）种子处理　种子处理包括晒种、浸种、种子消毒杀菌和种子去滑4个环节。晒种是为了提高种子发芽率，促进种子内部酶的活力。浸种及种子消毒杀菌的方法是：种子先用冷水浸3小时，取出后把种子放入55℃的恒温水中消毒杀菌10分钟，然后把种子放入饱和石灰水中浸5分钟，待种壳不滑时，捞出种子用清水冲洗干净，再用毛巾擦干种子表面的水分，即可进行人工破壳。

（2）破壳催芽　无子西瓜种子种壳厚而硬，种胚发育不全，种仁难以自动冲破种壳而发芽，这是无子西瓜种子的一大生理特性。破壳种子发芽率可达90%以上，不破壳种子发芽率不到20%。破壳的方法是：用指甲钳或用牙齿咬住种子嘴部，轻轻用力，只要听到咔嚓声即可，破壳的部位是种子本身的1/3。破壳时用力不要过猛，不能损伤种仁。种子破壳后，即可进行催芽。其方法是：将破壳的种子用湿润毛巾包好，外面再包一层薄膜，然后置于32～35℃的恒温条件下催芽，一般经25～30小时，种子即可发芽播种。有条件的可采用恒温箱催芽，也可因地制宜采用电灯泡、暖水瓶、电热毯催芽，也可把种子放在人的上衣口袋里或围在人的腰中，利用人的体温催芽。不管哪种催芽方法，主要把握好温度、湿度即可。

四、育苗移栽

（1）苗床准备　育苗分温床和冷床育苗两种。清明前后播种的宜采用温床育苗；5月中下旬播种的，宜采用冷床育苗。丘陵地区一般播种较晚，通常以冷床育苗为主。苗床应选择在背风向阳、高亢爽水、阳光充足的地方，也可在大田附近设置，不宜把苗床设在房前屋后或家畜经常出入的地方。苗床一般长为5米、宽为1～1.3米，温床一般用1 000～1 500伏的地热线绕地固定7～8圈，上盖煤灰，以不见地热线为宜。冷床底部还须铺一层煤灰。

（2）营养钵的选择　无子西瓜的根系再生能力弱，多采用容器育苗，能很好地保护根系。育苗容器有塑料钵、微膜袋，也可人工制作纸钵和草钵。目前最常用的是塑料营养钵和微膜袋，其成本低、不易烂钵，保温保水性能好，出苗快而整齐。

（3）营养土的配制　营养土要求土质疏松肥沃，不带病虫杂草。其配比为：70%未种过瓜类、茄类作物的稻田土，加上30%的腐熟过筛猪牛粪和0.3%颗粒复合肥，三者混合均匀即可。有条件的可头年用猪牛粪、芦皮和人粪尿层层进行沤制，翌年翻晒过筛即成。营养钵装土时，钵内泥土要充实，并整齐地摆放在苗床上，等待播种。

（4）播种与苗床管理　在播种的前一天下午，营养钵用清水反复淋透，再用0.1%的托布津溶液淋在营养钵表面杀菌，然后铺上地膜，防止水分蒸发过干。播种时，在营养钵中央用竹尖插一小孔，芽尖放入孔中，种壳平摆在土面上，用细土覆盖，厚度以不见种子为宜。播种完毕，每隔50厘米插一竹弓，盖农用薄膜保温，同时农用薄膜四周用土压实，并清理疏通苗床四周的排水沟，彻底铲除周边的鼠洞，以防止苗床积水和避免鼠害。

苗床管理分两个阶段，即出苗前的管理和出苗后的管理。出苗前管理的中心任务是保温防鼠。无子西瓜出苗的温度略高于普通有子西瓜，当气温在25～30℃时，出苗时间为1～2天，且出苗快而整齐；温度在20℃以下时，出苗时间为3～4天，出苗慢而弱，成苗率低。因此要选晴天播种。瓜苗未出土前，除白天盖好薄膜外，晚上遇低温需在膜上加盖草帘，以确保苗床内有较高的温度。当幼苗有70%露出土面时，就要揭膜人工去壳，管理工作进入第二阶段。种子出土后，大部分种壳紧夹住子叶难以自动脱壳，必须借助人工的力量，轻轻地用手掰开种壳，让其自然生长，并连续操作2～3天，这是无子西瓜栽培的又一特性。否则会造成子叶黄化、干枯或腐烂，难以成苗。去壳宜在早晨种壳湿润时进行，操作时动作要轻，千万不能夹住种壳往上提，以免伤断子叶或扭断幼茎。出苗后管理的中心任务是，苗床宜干不宜湿和控制病害及高脚苗。在管理上，晴天应全部揭开薄膜，降低床内湿度，晚上仍需盖膜保温，阴雨天气要盖膜保温，并在中午时将苗床两头打开通气，时间为1～2小时。育苗期一般是25～30天，期间应严格控制浇水。若发现营养钵表面泥土发白、钵中泥土很硬或瓜苗出现凋萎现象，证明营

养钵缺水，须补充水分。在浇水时，加0.5%的甲基托布津液，不浇纯清水，时间要求在下午17时前一次性浇透，避免多次浇水。当幼苗长出1片真叶时，可根据天气和苗情，追施0.3%的复合肥水，以利于培育壮苗。

（5）整地施基肥　无子西瓜需肥水平较高，丘陵山区的土质，保水保肥能力不如平原，干旱年份，植株生长势弱，果实小，产量低。因此，重施有机肥十分重要，一般每亩产4 000千克的西瓜地，基肥须施腐熟猪牛粪1 000～1 500千克或土杂肥2 000～2 500千克，硫酸钾复合肥40千克，尿素10千克，腐熟的菜籽饼50千克。基肥的用量占肥料总量的70%。丘陵地带春季草皮多，利用人、畜粪便层层堆积沤制，作基肥效果最好。基肥均采用开沟条施，肥料与土壤拌匀，避免肥多而伤害根系。

（6）移栽定植　定植应选择在无风晴朗天气。定植的密度依品种、基肥的用量和整枝方式而定，如采用多蔓整枝方式，每亩栽250株为宜；如采用二至三蔓整枝方式，每亩栽500～600株为宜。

定植时，去掉塑料袋，把幼苗放入穴内，细土围蔸，然后浇足安蔸水，安蔸水加0.3%的复合肥水效果最好。注意在移栽时，瓜苗不能散钵，移栽不宜过深，肥水不能沾在叶面上。

地膜覆盖是丘陵地区瓜农普遍采用的方法，地膜既可保湿增温，又能减少肥料的流失和减轻病虫害的发生。常使用的地膜有白色、黑色和银灰色，以银灰色地膜为最好。地膜覆盖有两种方式：一种是全畦面覆盖；另一种是半覆盖。全覆盖保湿增温效果好，杂草少，但成本较高，瓜农采用得少。半覆盖（70～100厘米）虽然前期保温性能差，但成本较低，瓜农乐于采用。覆盖地膜可以先盖膜后栽苗，也可以先栽苗后盖膜，这应根据劳力、土质、气候等情况而定。铺地膜时，表土要整细，地要弄平，地膜要拉紧并使之紧贴土面，膜面要清洁，四周用泥土封紧不漏气，瓜苗破膜处用细土封严。

五、大田直播技术

丘陵地区种植无子西瓜不宜提倡直播，但少数瓜农在离家较远的缓坡地种瓜，为了减少育苗及移栽成本，尝试了无子西瓜的直播栽培，效果很理想。由于直播的技术性强，瓜农一定要因地制宜，稍有疏忽则会导致失败。现就直播的几个关键性措施简介如下：

（1）因地制宜　直播适宜于土质疏松的旱地或陡地，水田不宜使用。

（2）浇足底水 土壤的含水量要达70%以上，才能满足种子出苗时对水分的要求。要求每穴浇水不少于2升。

（3）选粗大芽播种 粗大芽顶土能力强，出苗快而齐。在播种时，土面耙一个水函，淋足底水，然后插一小孔，芽尖放入孔内，再用细土覆盖种子，不宜太厚，一般2～3厘米。1～2厘米长的壮芽直播，出苗和成苗率都在90%以上，0.5厘米长的弱苗直播，出苗和成苗率不到50%，因此，直播的用种量要比育苗移栽高出1～2倍。

（4）及时覆盖地膜 种子直播后，要及时覆盖地膜保温，地膜的四边埋在土中，同时在地里撒一些鼠药，防止鼠害。

（5）及时去壳和促苗 一般在播种2～3天后，出土的幼苗顶着地膜，应及时在地膜上划开一个小十字口，小心地使幼苗露出膜面，同时将种壳及种皮去掉，再用细土给幼苗培土并压好膜。待幼苗长至2～3片真叶后，视其生长情况和气候，可酌情追施0.3%～0.5%的复合肥水，以促苗早发。山区虫害很多，要及时防治黄守瓜和地老虎。

六、加强田间管理，确保高产丰收

（1）轻施苗肥，预施坐果肥 无子西瓜苗期生长缓慢，5叶以后生长加快，这时如肥水供应不当，很容易产生僵苗。因此在瓜苗移栽后5～7天，需追施0.5%的复合肥水1～2次。当瓜苗长至70～80厘米时，在离瓜兜1米处挖沟条施坐果肥，每亩施复合肥20千克左右。

（2）栽种有子西瓜作授粉品种 由于无子西瓜雄花花粉无生殖能力，不能起到授粉作用，单独种植无子西瓜是不会结瓜的，因此在种植无子西瓜时，必须栽种有子西瓜。一般每10株无子西瓜配1株有子西瓜，有子西瓜要集中种植，人工摘花授粉。

（3）整枝铺草 西瓜倒蔓后，为防止瓜藤茎叶及幼果损伤，大田可铺茅草或麦秸，让瓜苗的卷须缠在茅草或麦秸上，不受大风的影响。同时可减轻病害的发生。一般每亩用量200千克。每亩栽250株以下的瓜地一般是不整枝或少整枝，密度越大整枝要求越严格，最常见的有二蔓或三蔓整枝，形成一主一侧或一主二侧。陡地瓜藤的摆放，应由下向上。

（4）授粉及坐果节位 坐果节位对无子西瓜的产量和品质影响很大，低节位坐瓜（12节以下）不仅果实小，果形不正，而且皮厚、空心，高节位坐瓜（30节以上）同样会出现果形不正、皮厚、商品率低现象。适宜的坐果节位主蔓应在15～25节以内，侧蔓应在12～20节以内为最好，即通常所指的第二、第三雌花坐果。人工授粉宜在西瓜开花后3小时内完成。如遇阴雨天，应采取罩花的方式授粉，争取坐瓜。如瓜苗出现徒长，节位已超过30节，在授粉的当天，应摘除生长点，强制坐瓜（当天未授粉的瓜蔓例外）。授粉时动作要轻，并能看到雌花柱头上有花粉，否则会落花落果。大田授粉期限一般为7～10天。西瓜开花期要控肥控水，以防止植株徒长。

（5）施膨瓜肥　西瓜授粉后3天，幼果逐渐膨大，20天内是果实膨大高峰期，此时是西瓜需肥需水最多的时期，如田间肥水供应不足，将直接影响其产量，栽培中应重视膨瓜肥的施用。此次追肥以速效性肥料为主，每亩施尿素15千克左右，方法是在蔓叶空隙处挖穴点施或配成肥水施入。如遇干旱，在沟内应灌跑马水，在灌水的同时，也可把肥料撒在沟内，通过水溶解后渗透到土内。果实发育中后期，叶片发黄、老化，可用磷酸二氢钾等叶面肥追肥1～2次。西瓜采收后，蔓叶完好，可追施速效性肥料1～2次，争取结第二、第三批西瓜。

（6）护瓜与采收　丘陵山区的日照时间虽短，但中午的阳光强烈，温度高，果实容易灼伤。山区的虫害也较多，果实接地部位容易出现虫伤瓜现象，因此要及时翻瓜、垫瓜和遮瓜。一般在坐果10天后在瓜底部垫茅草或麦秸，瓜面盖杂草或老瓜叶。为防止西瓜从坡地滑下，可用竹片或其他物体插在瓜边进行拦挡，以减少损失。

无子西瓜完全成熟后才表现出其皮薄、糖高、质优的特点。一般就地销售的西瓜以九成熟为宜，远销外地的西瓜以八成熟采收为宜。过早或过迟采收，都会影响到西瓜的品质和销售。

（7）病虫害防治　丘陵地区瓜田发生的病虫害与平原地区基本相同，病害主要有枯萎病、炭疽病、疫病、果斑病等，虫害有黄守瓜、地老虎、青虫、蚜虫等，在防治上应以农业防治为主，化学防治为辅。从提高西瓜的抗病性着手，实行种子消毒杀菌和轮作，科学施用肥水，科学用药，科学管理。严格区分生理性病害和侵染性病害，不能盲目用药用肥，人为地制造肥害和药害。如确实需要药剂防治时，也应根据气候、苗情及病虫害种类，并参照药剂说明谨慎交替使用农药。

第四节　湖南洞庭湖地区无子西瓜栽培技术

洞庭湖地区是湖南省的西瓜主产区之一，栽培历史悠久。从20世纪70年代开始无子西瓜栽培，随着栽培技术的逐步普及，近年栽培面积迅速上升，年种植面积达13 333公顷以上。主要分布在岳阳、常德、益阳、长沙等地（市）的部分地区，一般单产为每亩3 333～4 000千克。无子西瓜已经成为该地区的主要经济作物之一。

一、气候条件与栽培特点

（1）气候条件　洞庭湖地区属中亚热带季风湿润气候，热、水资源丰富，适于西瓜栽培。但在西瓜生产季节内灾害性天气较多，影响无子西瓜的正常生长。前期（3～4月份）寒潮较频繁，给育苗造成一定困难，极易出现烂种死苗的现象。中期（5～6月份）为梅雨期，因受西南暖湿气流和北方冷空气经常性活动的影响，气候多变，阴雨天气多，光照不足，氮肥施用偏多，植株易徒长，病害较重，易导致坐果困难。6～7月份雨量相对集中，特别是湖区土地容易积水，常造成死蔓烂瓜，后期有时会出现旱情等。

（2）栽培特点　针对西瓜生长季节内各个时期出现不同灾害性天气的特点，相应地采取不同的措施，前期以防寒保苗为主，中期以防湿控徒长为中心，后期以防病保果为关键，形成该地区无子西瓜栽培的主要特点。

二、关键栽培技术

（1）栽培季节与茬口　洞庭湖地区的无子西瓜主要是春季栽培，水田区的耕作制度主要有瓜→稻→油菜、瓜→稻→冬闲、瓜→稻→蔬菜3种类型。旱田区主要有瓜→油菜、瓜→棉花、瓜→菜、瓜→秋红薯→冬闲等类型。近年来，有个别地方进行了秋季栽培，7月上旬播种，国庆节前后上市。

西瓜连作易引起枯萎病病害的发生，阴雨多湿地区更加严重。轮作间隔年限一般为水田4～5年，旱田6～7年。但目前，嫁接技术已逐渐推广，可减少发病概率。

（2）品种选择　洞庭湖区域多雨高湿，应选择产量高、品质好，特别是耐湿性强的品种。主要品种有洞庭1号、洞庭3号、黑蜜5号、博达隆二号、湘西瓜5号等。

（3）土壤选择及准备　瓜地宜选择地势高燥、地下水位低、排水便利、土层深厚疏松、肥力较高的地块。在前茬收获后立即清理和翻耕田地，冬闲田在入冬前应深翻土壤进行冻垡，耕深30厘米左右，深开围沟和腰沟。早春抢晴天翻耕整平，做龟背状高厢，一般厢宽4米，若采用嫁接栽培厢宽5～6米，沟宽25厘米，沟深30～50厘米，沟沟相通，做到雨后田间无积水。

（4）育苗技术

①育苗前的准备　育苗期间寒潮较频繁，多采用保护地营养钵（袋）育苗。苗床应选择地势高、排水良好、背风向阳、尽量邻近瓜田的地块。营养土要提前准备好，要求土质疏松，透水性好，不带病菌、虫卵，无杂草。营养土的配制，按每亩取肥沃的稻田表层土或菜园土（均未种过瓜类）200～250千克，加入猪牛栏粪50～70千克、火土灰10～15千克、过磷酸钙4～4.3千克，浇入适量的腐熟人粪肥，充分拌匀，盖上农膜堆沤发酵2～3个月后，风干、捣碎、过筛即成。营养土于播种前装钵（袋）上厢，摆放整齐，并盖好薄膜，以防止雨淋。营养袋可用旧报纸自制，亦可购买育苗塑料营养钵。

②催芽　催芽前选择晴天晒种。在天气转晴前的2～3天浸种，浸3～4小时后，用10%的石灰水浸8～10分钟去滑、洗净、破壳后催芽。催芽的方法有多种，其中既简便快捷、又安全可靠的是电热毯催芽法。方法是把电热毯铺开平放（注意切勿折叠），上铺一层农膜隔湿，农膜上撒一层3厘米厚的湿润锯木屑（撒前先用开水浸泡，洗净，沥水挤干），其上铺一层纱网布，把破壳后的种子均匀平放在上面，盖上温热湿毛巾（拧干不滴水），上面再盖农膜隔湿，最后加盖棉被保温，将电热毯开关调至最低挡，温度可保持在32℃左右，5～6小时检查1次，催芽时间约32小时，待芽长至1厘米左右时即可播种。

③播种　播种期在3月中旬至4月上旬。前茬为油菜的可以推迟到4月10日前后。播种宜选择晴朗无风的天气，先用800倍的甲基硫菌灵液或多菌灵600倍液将营养钵逐个淋透，对营养土进行消毒，然后按常规方法播种，再覆盖约1厘米厚的干细营养土。播毕搭拱棚盖膜，膜的四周用泥土压严以保温防鼠，同时要开好排水沟沥水。

④苗床管理　主要是调节好温、湿度，以培育壮苗。无子西瓜出苗对温度的要求较高，出苗前应保持苗床内有较高的温度、湿度，原则上不揭膜通气，也不浇水。出苗后应在薄膜刚揭开而种壳湿润时及时进行人工辅助去壳。齐苗后保持

畦面干干湿湿（偏干），避免幼苗徒长和发生猝倒病。晴天上午10～11时后，如果膜内温度超过40℃，要揭开膜的两头甚至揭开半边膜通气。钵土较干时要适当浇水，1叶1心后可结合施稀薄人粪尿水，定植前要注意炼苗。

（5）整地、施基肥与定植　春季多雨，整地要尽早动手，一般要求在定植前7～10天以上结合施基肥，平整预留厢。肥料集中沟施，用量为每亩施腐熟厩肥1 500千克、菜籽饼750千克、过磷酸钙30千克、硫酸铵25千克（或尿素15千克）、钾肥10千克，施时应与土壤充分拌匀，并使施肥部位离定植穴25厘米左右。定植时间一般在4月25日到5月5日，苗龄为30～35天，这时植株具有2.5～3片真叶。定植时瓜苗应分级，同厢内的幼苗大小应基本一致，每厢双行，行距3.2米，株距0.6～0.7米，每亩定植500株左右，定植后应浇足定蔸水，盖好地膜。

（6）整枝　在主蔓长至30～40厘米时开始整枝，一般采取两蔓或三蔓式整枝，以1主1侧两蔓式更为合适，其余侧蔓和孙蔓应及时摘除。嫁接栽培的可采用4～5蔓式整枝。整枝时要及早理蔓，使瓜蔓在田间均匀摆布，减少交叉重叠，以利通风透光。为了固定瓜蔓，要在厢面均匀铺上一层油菜秆、茅草或稻草，以防风害，也有利于以后垫瓜。

（7）授粉与坐果　一般选择第十八节左右的雌花进行人工辅助授粉，最佳节位要求控制在第二十至第二十五节坐果。若坐果节位太低，果实膨大较慢，果皮厚，且果实较小，果形不正，又易空心，品质欠佳等。若坐果节位过高，不仅果实小，还易出现畸形果，既影响产量，又严重影响商品瓜　　的品质。

（8）肥水管理　无子西瓜植株生长势强，需要充足的　　　肥水条件，一般幼苗定植1周后追施提苗肥2～3次，同时用腐熟的稀释人、畜粪或0.3%的复合肥水淋蔸。当瓜蔓伸出40厘米时，应追施促长肥，同时在厢面离瓜蔸约50厘米处开两条沟追肥，每亩施尿素5千克、硫酸钾10千克或氮磷钾复合肥15千克，以促进瓜蔓生长。坐瓜后要巧施重施膨瓜肥。一般每亩结合施腐熟人粪尿水500千克、硫酸铵10千克、硫酸钾10千克，每周追施1次，要连施2次。如果遇雨，要及时清理排水沟；遇天气干旱，应及时灌溉。

（9）痛虫害防治　洞庭湖区雨量多、湿度大，要特别注意病虫害的防治。危害西瓜的主要病害有猝倒病、立枯病、疫病、炭疽病和枯萎病等，可选用50%甲基硫菌灵600倍液、50%代森锌500倍液或西瓜植病灵500倍液、7.5%百菌清可

湿性粉剂600倍液等交替使用。每7天喷1次药,要连喷3～5次,特别是大雨后天晴时更要及时进行药剂防治。主要虫害有小地老虎、黄守瓜、瓜绢螟和蚜虫等,前期可用40%氰戊菊酯4 000倍液,或21%灭杀毙乳油4 000倍液,或90%晶体敌百虫1 000～2 000倍液喷洒,后期可用0.2%甲维盐微乳剂1 500倍液等药剂喷洒。

（10）采收与贮运　洞庭湖地区无子西瓜大多于6月底开始采收,7月上中旬大量上市。采收时间以雨后天晴的2～3天为佳。成熟瓜的判断方法:一是看卷须和瓜的外表。成熟的瓜,其同一节位或相近节位的卷须上部呈枯黄状,果面光滑且具光泽,纹理清晰,果肩较钝圆,脐部凹陷;相反,则是不成熟的瓜。二是根据时间判断。当地无子西瓜一般授粉后34天左右成熟。有经验的瓜农也可以凭手感判断。另外,若要长途远销,则应提前3～4天采摘,以延长贮放期。贮放期一般只有15天左右,要注意采收质量,并联系好销售市场。贮放要注意通风,避免高温、暴晒和重压。运输要注意轻装轻卸。

第五节　湖北江汉平原无子西瓜夏秋季栽培与间套作栽培技术

江汉平原是国家的重要优质粮食、优质棉花和双低油菜生产基地,也是湖北省无子西瓜的主产区,其种植面积约占全省的85%左右。种植无子西瓜对增加农民收入、丰富市场、发展农村经济具有重要作用。

江汉平原无子西瓜生产始于20世纪70年代,当时发展极其缓慢。进入90年代,随着中国农科院郑州果树研究所黑蜜2号、蜜枚1号的育成及其配套栽培技术的推广,江汉平原无子西瓜的生产发展才开始进入快车道。1995年江汉平原无子西瓜种植总面积超过了6 667公顷,其中600公顷以上的县（市、区）有监利、江陵、潜江、荆州、仙桃、石首和当阳;1996～1999年期间的无子西瓜面积波动很大;2000年以后,无子西瓜种植面积又逐渐趋于稳定,目前,无子西瓜种植总面积约4 000公顷,主要品种有农康无子3号、洞庭1号、白马王子、无子5号、荆州301等。

2000年以前,江汉平原无子西瓜仅有春季播种方式,而现在从2月到7月中旬都有播种,但仍然以春播为主,占85%左右。春播时期内气温多变,"倒春寒"

频繁，根据这一气候特点，结合无子西瓜发芽及苗期对温度的要求较高，江汉平原露地直播和育苗均应在3月底以后。生产上为了提早无子西瓜的上市时间，现常利用大棚、中棚在3月选择冷尾暖头时进行保温育苗。春播无子西瓜的生长中期正值江汉平原的梅雨期，日照少、降水多、湿度大，影响无子西瓜植株的正常生长与坐果。这样就需要有的放矢地采用深沟高畦栽培、提早坐果、带瓜入梅，或者利用植物生长调节剂来控制无子西瓜植株的营养生长和保花保果，以减少梅雨对无子西瓜生长和坐果的不利影响。无子西瓜生长后期多为高温、少雨、多风的干旱时期，对无子西瓜的成熟和销售十分有利，但对迟播和秋西瓜的栽培管理增加了难度。因此，秋西瓜应采取地膜覆盖保墒、地膜上再覆盖稻草或麦秸降温以及保生长防早衰等措施。

江汉平原无子西瓜生产的突出特点是多季节栽培和多种多样的间作套种。无子西瓜的多季节种植，一是春季大棚育苗，大棚多层覆盖或双膜覆盖提早栽培，这种栽培模式主要是选用黄瓤、黄皮和花皮无子西瓜品种集中在荆州等中等城市近郊，面积较小，约占5%；二是选用抗性强的大果型品种进行越夏栽培和秋季栽培，占5%~15%。其主要技术如下。

一、无子西瓜的夏秋季栽培

1. **选用适宜的品种** 越夏和秋季栽培要选用优质、抗病和耐贮运西瓜品种，根据多年的栽培实践，首选用洞庭1号、农康无子3号等品种。

2. **选用生茬土，科学配制营养土** 一般选用生茬土做苗床，每平方米的苗床土，应加入硫酸钾三元复合肥1千克、25%多菌灵75克和3%辛硫磷颗粒剂40克，混合均匀即可装钵或制钵。

3. **适时播种，培育壮苗** 一般于5月中旬至7月20日播种为宜。播种过早，西瓜的销售期与迟播的晚熟西瓜销售期重叠，价格不高；7月20日后播种，管理不当或遇到灾害性天气坐瓜迟时，难以成熟，影响产量和经济效益。

4. **提早覆盖，合理密植，开好"三沟"，提高抗灾能力** 要求在播种的同时对生产田进行双色膜（表面银灰色，背面黑色）或地膜或麦秸覆盖，目的是保墒和防板结。定植密度为200~240厘米×45厘米，双蔓或3蔓整枝。同时，一定要开好"三沟"，以防水涝。

5. 合理运筹肥水，满足不同阶段正常生长发育对肥料和水分的需求 一般每亩施用充分腐熟的饼肥50～100千克或其他优质有机质肥作基肥，轻施缓苗肥，稳施坐果肥，重施膨大肥。水分以排水降湿为主，特别干旱时应进行沟灌，以保证西瓜正常生长对水分的需要。

6. 人工辅助授粉或激素保果，提高坐果率 夏秋季节，江汉平原降雨较多，生产上一般在上午6～10时进行人工辅助授粉，或用农硕西瓜专用坐瓜灵进行保果，确保目标雌花坐果，提高坐果率、整齐度和产量。

7. 科学用药，综合控制病虫，确保产品质量安全 严格执行无公害或绿色食品生产技术规程，优先选用农业防治和物理防治措施进行病虫防治，在连阴雨或暴雨后，排水的同时喷20％的噻菌铜600倍液等广谱杀菌剂进行防治。在无公害西瓜生产、绿色食品西瓜生产中禁止使用有害的农药和化肥，确保产品质量和食品安全。

要保证西瓜成熟后上市，确保品质。

二、无子西瓜间作套种技术

江汉平原普通西瓜间作套种早在20世纪70年代就推广了"麦—瓜—稻"这种水旱、粮经作物配套种植的优化模式，并获得荆州地区科技进步二等奖。随着无子西瓜的发展，通过借鉴改进原来普通西瓜间套作模式和不断摸索总结新的间套作栽培模式，使无子西瓜的间套作种植模式有了很大发展，出现了很多间套作优化模式，而且规模大、复种指数高。现将江汉平原无子西瓜间件套种几种主要模式和要点介绍如下。

（1）旱地作物与无子西瓜的间作套种模式

①选择优良品种，合理安排茬口，适时播种 这种模式在1年的有效生产周期内完成麦、瓜、棉、菜四熟，且达到综合丰产，则必须合理解决品种、茬口和播种期的问题。麦类主要是大麦和早中熟小麦，以郑麦9023为主，10月下旬到11月上旬播种（套播），翌年5月20日左右收获。无子西瓜选用无子5号、农康无子3号、黑蜜5号和洞庭1号等品种，于3月中旬拱棚保温育苗，4月中旬定植到西瓜预留行中（与部分棉花同行），7月中旬采收。棉花用鄂杂棉17号、鄂杂棉10号和鄂杂棉28号等品种，3月底营养钵育苗，也可采用基质或水培等方式的无土育苗，4月底定植到棉花预留行中，10月底收获完后拔秆。蔬菜主要是利用冬季

预留行种植榨菜、大蒜、大头菜、芥菜、甘蓝、菠菜等耐寒大宗蔬菜。大蒜应在8月下旬直播于棉花宽边2行，如果种植榨菜和大头菜等蔬菜，应在9月中下旬育苗，10月底套栽到预留行中，在不影响西瓜定植时期的4月中旬前收获。

②合理密植　密度和沟畦与普通种植模式不同。无子西瓜的行株距为250厘米×40厘米，每亩种植666株；棉花为宽窄行，行株距为220～240厘米×40厘米和60～100厘米×40厘米，或按照125厘米×40～60厘米等行种植；3畦麦作畦面宽5米（含沟），棉花等行栽培的在每畦麦作两边各栽1行棉花，宽窄行栽植的按照行距间隔种植。无子西瓜按照3畦麦作间作1畦瓜的方式，仅在两边各栽1行无子西瓜，每亩种667株左右，使瓜蔓对爬。麦类作物收获后，畦面及西瓜四周铺麦秸，以利于瓜蔓固定、生长和坐瓜。7月中旬无子西瓜收获后，及时将原畦面分挖成沟，用土给棉花培蔸，10月下旬棉花拔秆后，再按照畦面宽145厘米和沟宽20厘米整地，畦中播100厘米左右宽的小麦，畦边预留行定植榨菜等冬寒菜苗，每亩栽3 000株左右。对于8月下旬套种大蒜的地块，棉花拔秆后按照2行棉1畦麦将2行棉上的土回填沟中，形成畦面，再清理需要留的沟，清沟土也用于填铺畦面，其上播种麦类作物。

③重施基肥，巧施追肥　为满足多种作物正常生长对肥料的需要，无子西瓜和棉花定植前或灭茬时，每亩施用厩肥3 000千克、饼肥100千克、过磷酸钙50千克、45%硫酸钾三元复合肥30千克。麦类和蔬菜均按照常规大田基肥的60%施入作基肥。追肥应根据不同作用、不同生长时期、不同生长势和天气情况来决定追肥的种类、数量和方法。无子西瓜伸蔓前生长缓慢，这一时期要勤施稀施速效肥料，也可用根外喷施0.3%尿素加0.2%磷酸二氢钾及微量元素肥料或沼气池肥水，每5～7天喷1次。一般不再施伸蔓肥。西瓜膨瓜肥与棉花蕾肥按照膨瓜肥的施用量1次施用。棉花花铃肥应在西瓜收获后，结合培蔸压草及时按照每亩20千克三元复合肥的标准追施。其他作物追肥与常规栽培相同。

④合理进行化学调控　无子西瓜间作套种生产由于土壤肥沃、施肥量大，加上作物间的共生期长，使用促控技术是必要的。无子西瓜除苗期追肥外，还可喷施发苗灵800倍液或802等植物生长激素3 000倍液，以促进幼苗生长。瓜蔓长到70厘米以上有徒长趋势时，每亩可用49毫升助壮素兑水30升喷2次，2次间隔5～7天，以适度控制其营养生长，促进坐瓜。要严格按照双蔓整枝要求及时抹除其他

生长点，防止瓜秧生长过旺，同时也可避免出现西瓜蔓影响棉花苗生长。采取上述措施后，蔓长200厘米、坐瓜率达70%以上时，可每亩喷10毫升西瓜强力增产素，连续2次，以促进西瓜膨大和增进果实品质。如坐果率仅为35%左右，则需要加倍使用助壮素（每亩50毫升），同时，在授粉后捏破龙头；处于交头处的还可在授粉前或授粉时摘去生长点，以强制坐瓜。如果坐瓜率在35%～70%，可在授粉的同时使用西瓜坐瓜灵促进坐瓜。棉花在1叶1心时可喷低浓度的助壮素以防徒长；在6月中下旬每亩可喷2～4毫升缩节胺溶液或6.7～8毫升助壮素溶液，控制西瓜或棉花的营养生长。当西瓜生长势强而棉花生长势偏弱时，在控制西瓜苗旺长的同时，可使用802 3 000倍液等促进棉花苗生长。为防止棉花后期因间作物施肥而出现贪青迟熟，可在10月中旬前后喷500毫克/升乙烯利以促进裂桃和落叶。如果在8月底出现早衰现象时，可在增施肥料的同时喷10毫克/升的赤霉素防衰老。麦类在中后期喷500～800毫克/升多效唑1～2次，以促进结实率的提高和早熟，防止贪青。进行榨菜等蔬菜育苗移栽的，在3叶期可按照每亩25毫升用量标准喷助壮素溶液1次，使之根系发达，壮而不旺。总之，化学调控应贯穿始终，并同时进行合理的肥水管理，效果才会更好。

⑤防治病虫害 四熟栽培的病虫害防治应以综合防治为主。主要措施有选用适应性强的抗病虫品种，增施有机质肥，增强作物的抗病虫能力。深开能排能灌的三沟，以满足作物对水分的需要。采用频振灯诱虫和人工捕杀相结合的方法防治虫害。每茬作物收获后，及时清除落叶及残体并集中处理，以减少病虫传播途径。要认真做好重茬作物的清园工作，种植带要轮换。使用化学农药防治病虫害时，应选用无公害蔬菜生产允许使用的农药，忌用对一种作物病虫有特效，而对另一种作物有药害或有污染的农药。

（2）水田作物与无子西瓜的配套栽培模式 此类模式的代表是麦→瓜+豆→稻模式。该模式1994年起就成为水稻产区无子西瓜栽培的主要种植模式，是一种以水稻为主的水旱相结合的粮经种植模式，其推广面积达2 667公顷以上。采用这种模式，一般每亩可产西瓜2 750千克、麦类200千克、毛豆150千克或辣椒750千克和晚稻500千克。目前，该模式的演变型有油菜→无子西瓜+毛豆（辣椒）→稻，蔬菜→瓜→稻，麦（油菜）→无子西瓜→蔬菜，蔬菜→无子西瓜→荸荠等。其栽培技术要点如下。

①选用适宜良种 麦类主要是大麦和早中熟小麦,以郑麦9023为主,10月下旬到11月上旬播种,翌年5月20日左右收获。无子西瓜选用无子5号、农康无子3号、黑蜜5号和洞庭1号等品种,于3月中旬用拱棚保温育苗,4月中旬定植到西瓜预留行中(与部分棉花同行),7月中旬采收。早黄豆可用"六月爆"或毛豆品种。晚稻可选用鄂晚17等品种。

②合理安排沟垄、茬口和密度 麦垄宽150厘米、沟深宽各20厘米。10月下旬到11月中旬播种,确保每亩基本苗在17万株以上,按照40厘米宽留好瓜行。5月20日前收割,及时灭茬,再按三垄小麦合一垄西瓜的标准重新整地,要求垄面中间高、两边低,呈"龟背"状。也可在垄正中留一条20厘米宽、10厘米深的浅沟,以便于田间管理。3月中旬进行无子西瓜营养钵小拱棚育苗,同时,耕整预留瓜行,施足基肥,并在预留瓜行两边按照35厘米×30厘米的行株距错开穴位,每穴点播黄豆(毛豆)3粒,然后铺好地膜,待黄豆出芽后破膜放苗。初花期喷1次300毫克/升多效唑溶液,黄豆成熟后或毛豆达到食用标准时及时分批采收销售,豆秧用于覆盖瓜垄。4月下旬将西瓜定植到预留行中间,7月中下旬采收后及时抢插晚稻。

③化学除草 麦类春节前每亩喷0.2千克绿麦隆除草。西瓜在定植前,可在行间空地按照每亩喷0.1千克拉索除芽前草,坐果后按照每亩喷0.2千克盖草能溶液除草。

(3)经济作物与无子西瓜的间作套种模式 该模式以马铃薯→无子西瓜→蔬菜为基础模式,1992年只是小范围示范,以后迅速发展,主要在荆州、仙桃等城市的近郊,面积约667公顷左右。一般每亩产早熟马铃薯1 500~2 000千克、无子西瓜2 250千克、蔬菜2 000千克。其演变型有马铃薯→无子西瓜→晚稻,马铃薯→无子西瓜//棉花,蔬菜→无子西瓜→秋马铃薯等。其主要栽培技术如下。

①选用适宜品种 马铃薯选用早大白、东农303、克新11号和费乌瑞它等早熟、脱毒的种薯。无子西瓜选用无子5号、农康无子3号、黑蜜5号和洞庭1号等品种。蔬菜有美国西芹、秋番茄、秋黄瓜、秋豆角、秋莴苣、夏阳白及津绿55等蔬菜。

②茬口和栽培密度 冬种马铃薯于12月下旬至翌年1月中旬播种,秋种马铃薯8月中下旬播种。每亩用种量为150千克、5 000穴以上,大一些的种薯要纵向

分切，保证每一块种薯上有一个芽眼。也可用马铃薯专用播种机进行播种。秋马铃薯一般选用小薯作种薯，不分切，但要在催芽后再播种。为了提早定植西瓜，可在4月中下旬先采收西瓜定植带（瓜垄按照5米对爬安排定植）马铃薯，收获后及时定植西瓜，其他马铃薯待充分膨大后采收，收完后及时整理瓜垄。7月中旬收瓜后，再整地改垄种植蔬菜（多数蔬菜需要提前1个月育苗）。

③栽培技术要点　马铃薯要用无毒种薯，提前晒种2天，再用5～8毫克/升的赤霉素和25%多菌灵600倍混合液浸种2～3小时，按照芽眼纵切后在18～20℃的温度下层积催芽2～4天后播种。基肥一般每亩施用厩肥2 000～2 667千克、饼肥50千克和三元复合肥25～50千克，播种后及时覆膜。当马铃薯地上部快封行时，喷马铃薯块茎膨大素2次，以抑制地上部分生长，促进块茎膨大。为了抑制收获马铃薯的发芽、延长贮存期，可在采收前15天喷2 000～2 500毫克/升青鲜素1次。美国西芹应在6月播种，先用5毫克/升赤霉素浸种1～2小时，然后用清水浸6～15小时，再用干净的棉布包好放在8～20℃的低温环境中催芽。定植密度为20厘米×15厘米，定植后用遮阳网遮阳及防大暴雨。生长期应加强肥水管理，每周浇1次粪水或沼气池液肥。叶柄生长初期喷10～20毫克/升赤霉素1～2次。如果选用其他蔬菜，也应按照各自特点进行栽培。无子西瓜栽培技术与其他模式相同。

（4）其他作物与无子西瓜间作套种模式　无子西瓜与幼龄果树、药用作物等均可间作套种，比较多的有草莓→无子西瓜+春玉米→蔬菜模式。一般每亩可产草莓1 000千克、无子西瓜2 500千克、春玉米嫩棒子1 000个、蔬菜2 000千克。其演变型有草莓+无子西瓜→蔬菜、草莓+无子西瓜→早辣椒（早大豆）→晚稻和草莓+无子西瓜→棉花等。其栽培要点如下。

①选择适宜品种　草莓应选用丰香、全明星、杜德拉等品种，玉米可选用渝糯7号、11号和华甜玉5号、6号等。无子西瓜品种同其他所叙模式。

②合理安排沟垄、茬口和密度　9月底将瓜田整成面宽460厘米、沟宽深均为25厘米的大垄，再在垄面每隔1米开挖1条宽20厘米、深15厘米的小沟3条，将大垄分成4小垄。靠近深沟的两边各留50厘米作为无子西瓜的定植带，其余小垄按照40厘米×30厘米栽3行草莓。5月15日前草莓收获后及时铲除草莓苗。早玉米2月中旬大营养钵保温育苗，4月初按照80厘米的株距定植于除无子西瓜定植带以外的小垄两边，每亩约1 000株。在收嫩玉米的同时拔除玉米秸，并将玉米秸切

成30厘米长的小段，用于覆盖瓜行。收瓜后及时整地种植蔬菜。

③栽培技术要点　草莓如用硬肉大果型较耐贮运品种，则应进行地膜覆盖；如用软肉型品种，最好用小拱棚覆盖栽培。

西瓜第一花序开放20%时喷1次150毫克/升的赤霉素溶液，以保果和促使花梗伸长。每一个花序留4~6个果，其余的尽早去除，这样单果重在20克以上。花期和幼果期可喷施0.3%尿素加0.2%磷酸二氢钾3~6次，以提高果实品质。在最后一个花序始花期喷800毫克/升多效唑溶液1~2次，以控制匍匐茎的抽生。

春玉米应选用早熟品种，提前大营养钵保温育苗，人工辅助授粉。无子西瓜和蔬菜栽培技术与其他模式的相同。

第六节　广东无子西瓜栽培技术

广东无子西瓜栽植比较早，而且普遍。主产区在雷州半岛、珠江三角洲、韩江三角洲和梅州市等地，总面积在1万公顷以上。

在广东种植无子西瓜，既要考虑抗暴雨，也要考虑防干旱。冲积平原区、土壤以黏土和黏壤土为主的，需用高畦深沟栽培；而在沙质土上栽培，则不必过分强调用高畦。在地膜和滴灌条件下，可减轻暴雨和干旱的危害。

广东无子西瓜的栽培方式以瓜→稻→冬作为主，以果园、甘蔗、木薯等间套作为辅，也有夏、秋、冬3熟分别种植的尝试。力求成熟期集中，从初收至采收完毕大约只有1周。产量要求每公顷45吨左右才能有经济效益，所以必须密植。其主要栽培技术如下。

一、选用早熟或中熟偏早良种

近年来逐步推广农友新1号、深新1号和广东301等品种。上述品种生物学性状稳定，具有整齐、瓜大而品质良好、耐贮运、抗病耐湿等特性。

二、适时早播

种西瓜的效益在于一个"早"字。为了争取这个"早"，无子西瓜的播种期就应适当提前。因此，春季瓜宜在1~2月份播种，夏季瓜宜在4~5月份播种，秋季瓜宜在7~8月份播种，冬季瓜宜在8~9月份播种。

三、育苗栽培

种植无子西瓜均采用育苗栽培方式。栽培用的幼苗用塑料袋（直径10厘米、高8~10厘米）装入培养土（土中基肥占20%，塘泥或清洁培养土占75%左右，掺入5%的速效化肥和微肥等）制成的营养钵来播种、培育幼苗。当幼苗长到3~4叶时定植。早春育苗需要认真防寒，夏、秋、冬季育苗需要采取遮荫防晒和防暴雨措施。

四、合理掌握定植密度

为了追求无子西瓜的早熟和丰产，在栽培上应采取适当密植的措施。每亩600~800株的栽培标准在生产中均有采用。按照这个标准，加上采取整枝留蔓的调控措施，可使每亩的留蔓数控制在1 200~1 500条的合适范围之内。

五、合理整枝

广东无子西瓜栽培的整枝时间较晚，一般在蔓长0.7~1米开始定干。整枝时，根据实际种植株数，可采用双蔓整枝或三蔓整枝的方法进行，其余侧枝一律不留。

六、科学管理肥水

无子西瓜施肥以基肥为主，追肥为辅。基肥用量占总量的50%以上，每亩用腐熟厩肥2吨左右、氮磷钾复合肥25千克左右。瓜蔓生长中期（蔓长0.7~1米以上时），在离瓜行0.6~0.8米处开纵沟，施入占施量总量25%~50%的追肥。施肥后整平畦面，摆好瓜蔓的位置，准备在1~2周之内进入开花授粉期。水分以确保不旱为原则，并切实做好排水防涝工作。在大量坐瓜以后及西瓜膨大期，必须保持土壤含水量为80%左右。采收前一周逐步减少灌水量，使土壤含水量缓慢减至并保持在50%~60%最为理想。不过，广东降水量大，一遇下雨，即无法实现合理的土壤含水量标准，使西瓜的品质受到较大的影响。

七、及时防治病虫害

广东无子西瓜的主要病害有枯萎病、疫病、炭疽病、病毒病等。防治措施以通过轮作克服枯萎病比较实际。对于真菌性病害，可采用百菌清类杀菌剂防治。对于病毒病类病害，目前尚无理想药物防治。细菌性病害发生不多，一旦发生细菌性绵腐病、急性枯萎病等，可用敌克松做土壤消毒，以后继续加强防治，效果较好。无子西瓜的害虫有黄守瓜、瓜野螟、瓜蚜、蓟马、斜纹夜蛾、小地老虎、蝼蛄和大蟋蟀、根结线虫等。一旦发生虫害，可选用相应药物防治，直至收到良好效果。

八、采收与运销

在气温为20℃以上的条件下，中熟品种无子西瓜从开花至成熟需31～33天。按生长日数推算成熟期，并结合实测，即可准确认定西瓜的采收适期。目前，广东外运的西瓜多为散装运输，因此，除采用耐贮运品种以外，加强采收工作的细致性和科学性管理也十分重要，同时应尽量避免超载运输。

第七节 江西抚州无子西瓜栽培技术

抚州是长江中下游著名传统瓜区，素以栽培大型中晚熟品种抚州西瓜著称。虽然在20世纪60年代就开始试种无子西瓜，但因种种原因而未能推广扩大。90年代以来，随着市场经济的发展和生产技术的改进，无子西瓜种植面积迅速扩大，至1997年全区达1 667公顷，1998年突破2 667公顷。2008～2010年，在抚州临川区西瓜主产乡镇开展了3年的无籽西瓜标准化高产栽培试验，成效显著。667m2产量达4500～5000 kg，平均市场售价2元/kg，产值3000～5000元，经济效益显著。经过多年的实践探索，已总结出一整套适合当地的栽培模式。现将其主要技术措施简介如下。

一、选用适宜的品种和优质的种子

经过多年来的试种和筛选表明，适合抚州栽培的品种主要有黑蜜2号、黑蜜5号、广西2号、广西5号等。其中黑蜜2号由于丰产抗病性优良、无子性良好，因此受到产销双方的欢迎，现已发展成为当地栽培面积最大的主栽品种。要选购可靠优质的种子，这是充分发挥品种优势特点的保证。

二、瓜田选择和整地施基肥

（1）选择瓜田 无子西瓜根系不耐水涝，该地区多选择在地下水位低和排水通畅的高排田（即较差的水稻田）上种植，并注意选用土层深厚、有机质较多、土壤疏松、肥力较高的中性砂壤土或壤土。也有利用红壤旱地栽培的，可获得较高的产量。无子西瓜对轮作要求较严格，水田轮作周期为3~4年。

（2）整地施基肥　一般在头年冬前翻耕好田块，翌年早春解冻后结合施基肥翻耕20厘米深，整好地后按畦面宽1.7米、畦沟宽20厘米起垄做畦。在西瓜定植行顺行开沟施足基肥，也有少量采用挖穴埋施基肥的。每亩施用土杂肥、塘泥基肥2 000千克，饼肥50千克，磷肥50千克。整平施肥沟，做好畦面后，再开畦沟，沟深25厘米，沟宽20厘米。施用的基肥必须腐熟后提早施入，切不可在西瓜幼苗移栽前直接把复合肥或尿素施在定植穴中，以免由于肥料过于集中而烧苗。

（3）做好瓜墩　在畦面西瓜定植行上按株距0.7~1米，做成龟背形的中间高约10厘米、宽60厘米的圆墩，以利于排水，防止根际积水。

三、催芽与育苗

（1）浸种催芽　该区的气候特点是每年在清明前后都有明显的倒春寒现象，这对无子西瓜的春播出苗极为不利。为了安全稳产，瓜农一般都习惯采用适当晚播的办法，浸种催芽期常选择3月底至4月初。浸种前先将种子在阳光下晾晒1~2小时，然后按照常规方法浸种、破壳和催芽。当地多用人体温度催芽。这种方法简便易行，温度又很稳定，一般不会造成损失。还有采用其他催芽方法的，如在铁锅里放上煤油灯，其上放1个米筛，用湿纱布垫好，在纱布上铺上1~2厘米厚的细湿沙，再把破壳的种子均匀撒在细湿沙上，盖上锅盖，温度控制在32~36℃，经过36小时种子即可发芽。

（2）培育子叶苗　该区多采用简易营养块育苗，也有用营养钵育苗的。育苗营养块的制作方法是，80%晒干的塘泥或稻田表土，10%的草木灰，10%腐熟堆厩肥，混合后每100千克土中加入0.5千克复合肥，1~2千克磷肥和100克敌克松，充分拌匀后加水拌成糊状，将其平铺在放有河沙或谷糠的苗床上，厚3~4厘米，待硬后用刀整齐划成4厘米×4厘米的方块即成。播种时在每一营养方块中央开穴，播种1粒，芽尖向下，上面盖1厘米厚的细灰土，床顶再用小拱棚薄膜覆盖，以保温保湿，2~3天后即可出苗。同时进行人工去壳（脱帽），苗床要通风换气及炼苗。移栽前用甲基硫菌灵800倍液喷洒1次，以防治病害，至2片子叶展平时，即可抢晴天定植。

四、移栽定植与大田管理

（1）适时定植　采用营养块育苗，一定要小苗移栽，即2片子叶展平时抢晴天带土移栽，因营养块小苗移栽不伤根，不缓苗，可以早发。该地区无子西瓜的栽植密度偏稀，一般为每亩400株左右，隔4行种植1行授粉品种。栽植宜浅，将营养块稍露出畦面1厘米左右，不能低于畦面，以免根部积水。栽完即浇0.3%尿素溶液。随后覆盖地膜，以防雨淋泥水沾叶，妨碍西瓜生长。

（2）大田管理

①施肥与排灌　在定植至伸蔓前的追肥用稀薄人粪尿或0.3%尿素液浇2～3次。肥料切忌过量过浓，而要少量多次，促发成苗。瓜苗开始迅速生长至第一朵雌花形成时期要减少施肥，以防徒长。在西瓜坐果后幼果长至鸡蛋大小时应追1次重肥，在距瓜根50厘米远处开沟或打穴埋肥，每亩施硫酸钾15千克、尿素10千克和菜籽饼50千克，要将肥料与土壤混匀并用土盖上。此次追肥是为了促使西瓜膨大，提高果实产量。另外，还可在喷打农药时结合进行叶面追肥。

抚州无子西瓜生长季节内雨水较多，排灌方面一般以排水为主。前期可以单独浇小水。在5月中下旬若遇短暂高温干旱天气也可适当浇水。若遇伏旱则应进行沟灌，水不可漫过畦面，也不可在中午高温时灌溉，以免损伤根系。

②整枝和人工授粉　瓜蔓迅速生长和坐瓜季节，畦面要铺草，还要引蔓整枝。一般采用双蔓整枝。每株坐瓜1～2个，选用主蔓上第二、第三朵雌花着瓜为好。在早晨开花后1～2小时进行人工辅助授粉，若遇雨天，则授粉后要套袋防雨淋，以提高坐瓜率。

③病虫害防治　该区西瓜病害以枯萎病、炭疽病为主。在发病初期用300倍敌克松或甲基硫菌灵液灌根，每次每株灌0.25～0.5升药液。叶面喷菌毒清300倍溶液，5～7天喷1次，可防炭疽病。防治西瓜病害，要坚持连续喷药，才可取得防病效果。该区的无子西瓜害虫主要有瓜蚜、黄守瓜、小地老虎和蛴螬等。对地上害虫，可喷90%敌百虫1 000倍液进行防治，对地下害虫可采用90%敌百虫800～1 000倍液灌根毒杀。

第八节　福建无子西瓜秋季栽培与山地栽培技术

福建省的无子西瓜生产起步较晚，到20世纪80年代才逐步推广，90年代以后有较大的发展。1997年全省无子西瓜种植面积约267公顷，主要在福州市及其附近地区栽培。每亩产量2 000千克左右。

建瓯市是福建省西瓜重要产区之一，无子西瓜果大，品质佳，比普通西瓜市场价位高，经济效益好。2008～2010年，科研人员在建瓯市小松镇李园村西瓜试验园进行了3年的无子西瓜标准化高产栽培试验，成效显著，无子西瓜平均市场售价3元/kg，产量4500～5000 kg/亩，产值可达1万3千5百元～1万5千元，效益好，促进了农民增收。

福建省地处中、南亚热带，水热资源丰富，适于无子西瓜种植，南部的漳州和厦门属南亚热带，气候温暖，年平均气温在20℃以上，年降水量1 000～1 400毫米，降水季节分布不匀，常出现春旱和夏旱。地处沿海，空气较湿润，1年内适于西瓜生长的季节比较长，从2月中旬至8月中旬，均可露地播种。生产季节分春季和秋季，即春种夏收和秋（或秋前）种秋收。在使用保护地栽培和育苗移植时，春、秋两季的播种期可提早或延后1个月左右。全省的无子西瓜生产以春季栽培为主。秋季栽培主要在闽南地区，虽然面积比较小，但对调节市场供应，提高生产效益有积极作用。福建省山地面积大，气候条件复杂。有的山地试种无子西瓜效果较好，病害轻，产量稳定，有较好的发展前景。

福建的平原谷地春种无子西瓜的面积最大，而秋季栽培和山地栽培是其无子西瓜生产的一个突出特点。因此，福建无子西瓜秋季栽培和山地栽培技术值得借鉴。

一、无子西瓜的秋季栽培

（1）秋季栽培的主要特点　①气温高，生长快，生育期短，播种后60天即可采收。②雨天少，气候干燥，光照条件好，有利于无子西瓜开花坐果，坐果率高，果形圆整，果皮较薄，含糖量较高，品质较优。此外，病害比较少。③果实比春种的略小，产量略低。④偶受台风暴雨袭击而影响稳产。

（2）秋季栽培的关键技术　①露地栽培在7月下旬至8月上旬播种产量较高，成熟也较早。留种瓜一定要在立秋前播完。一般栽培的可在8月中旬播种。种植密度比春季栽培高20%，一般每亩栽600株。②坐果后整个果实发育期内应及时和均衡地进行灌溉，做到勤灌浅灌，这是防止地干缺水，保证无子西瓜产量和品质的关键。一般每隔2~3天灌1次水，以使果实均衡膨大。灌溉宜选在气温稍低的早晨或傍晚进行。③必须采用地膜覆盖畦面，以减少水分蒸发。④整个生育期间处在高温干燥条件下，螨类害虫多发，应及时防治。

二、无子西瓜的山地栽培

（1）山地栽培的利弊　福建省的山地面积广，便于无子西瓜和其他作物进行轮作。有的山地土层较深厚，又便于排水，有利于无子西瓜根系生长。山地昼夜温差较大，有利于提高果实品质。不利的因素是大部分山地土壤有机质含量较低，酸性较强，较易板结，通透性较差，蓄水和灌溉条件欠缺。这些弊端不利于无子西瓜的栽培，因此，大部分山地只能在春季进行早熟栽培。

（2）山地无子西瓜栽培的关键环节　①改良土壤及环境条件。要增施农家肥料，提高土壤有机质含量。适当施用石灰，降低土壤酸度。改善排灌设施，缓解干旱威胁。②抓早促早。根据气候条件，尽量提早播种，加强管理，促进早熟早收，使无子西瓜生产避开高温干旱的气候威胁。

（3）山地无子西瓜栽培的技术措施　①推广嫁接栽培。为避免土壤酸性较强而导致枯萎病危害，可采用嫁接换根栽培。②选用早熟品种。在尚无理想早熟品种的情况下，可采用厦门B 01、雪峰无子、雪峰花皮无子、黑蜜2号和农友新1号等无子西瓜品种。③选择适于种瓜的坡地。为防止水土流失，宜选坡度较小的山地栽培无子西瓜。坡向以光照时间较长的西南坡向为好。果实要适当覆盖，以防止强烈日晒而灼伤，尤其是黑皮瓜更要注意。④合理密植和整枝。种植密度以每亩500株为宜。整枝以采用2~3蔓整枝为好。⑤覆盖畦面。为了保持土壤疏松、减少肥料流失和杂草生长，促进早熟，畦面要用地膜覆盖。覆膜要按常规进行，务必保证质量。⑥防治枯萎病。山地土壤酸性较强，枯萎病发生较多。因此，除了采用嫁接换根措施和选用抗病品种以外，平时还要加强综合防治工作。

第九节 台湾无子西瓜栽培技术

台湾省无子西瓜栽培始于1957年，当时栽培甚为成功，发展甚为迅速。现栽培面积已超过2 000公顷，每公顷产量有9万千克的最高纪录。

一、台湾无子西瓜主栽品种

目前台湾省栽培的无子西瓜主要品种有农友新1号、万祥2号、兴辉、蕙宝、国龙，小型品种有天铃，黄肉品种有丽兰等多种类型的诸多品种。

二、台湾无子西瓜栽培技术要点

台湾无子西瓜的栽培法，大致上和二倍体普通西瓜的栽培法相似，但也有不同的地方。

（1）播种时期　无子西瓜苗期耐寒性较弱，且具深根性，故耐湿性也比普通有子西瓜稍弱。播种适期，台湾中北部为3～6月份，以3～4月份播种最适宜；南部为12月份至翌年10月份，以春作12月份至翌年2月份及秋作9月份至10月上旬为最适宜。春作生育前期在低温期，生育后期在高温期，秋作则反之。春作生育所需日数较秋作为长，果型也较大，肉色也较深。在低温期播种，为防寒害，常采用保温罩或防风障以保温防寒。

（2）种子消毒　种子在播种前进行消毒，一般用80％得恩地（Thiram）可湿性粉剂拌种，每千克种子约用药剂3克。

（3）种壳处理及催芽　无子西瓜种子种壳较厚，种胚发育较差、较小，发芽时芽尖不易出种壳。在播种之前，要用指甲刀等轻轻地把种子的脐丘部轧开，以促进种子顺利发芽及提高发芽率。无子西瓜种子须用28～30℃催芽。西瓜种子有厌光性，催芽时不要用光照。待幼芽伸出种壳外，即将其播种到育苗容器中（目前都用育苗盘育苗）。

（4）花粉品种和授粉　无子西瓜雄花本身没有授精能力，其花粉粒萎缩，无花粉激素作用，所以在无子西瓜雌花开花时，必须授以普通二倍体西瓜品种的花粉，使其发生花粉激素作用，刺激子房发育肥大成无子西瓜，这是栽培无子西瓜所必不可少的技术措施。

授粉品种以抗病力强，皮色和果形与无子西瓜不同的品种为宜。如果授粉品种也作经济栽培时，则要选优良的二倍体品种。

台湾现在的授粉品种大多和无子西瓜分区栽植，开花后用人工授粉方式将二倍体的花粉授到无子西瓜的雌花柱头上。这时无子西瓜和授粉品种的栽植比率大约为10∶1。如利用蜜蜂授粉，则采用4∶1混栽或1∶1隔行栽植（即1行无子西瓜配植1行授粉品种）。此时如授粉品种也作为经济栽培时，行距均为3.5～4米。

人工授粉在清晨开花后进行，即时采集授粉品种上的已开雄花，将花粉直接授到雌化的柱头上。花粉涂抹要均匀。授粉工作应在上午完成，越早越好。

为了确保花粉供应不缺，授粉品种要比无子西瓜提早1周播种。

（5）肥料和施肥　无子西瓜的肥料用量依土壤肥瘠而不同，一般每公顷施用堆厩肥1.2万千克、复合肥料5号1 000～1 200千克。过去在未用塑料薄膜覆盖畦面时，施肥分基肥和追肥，追肥再分数次施用。现在畦面覆盖塑料薄膜以后，施用追肥已不便，故在整地时将肥料1次施在种植沟内，然后做畦，畦面覆盖银黑色塑料薄膜。以后视西瓜生育情形，在叶面适当喷施叶绿精加水1 000倍的溶液，每隔7天喷施1次。

栽培无子西瓜除应酌量节制磷肥的施用外，还应防止缺硼症的发生。缺硼症是无子西瓜较常见的缺素现象，尤其以无子西瓜嫁接在葫芦根砧上时为甚。在缺硼土壤或缺硼地区，每公顷要加施硼砂10～15千克，将其充分混合在化学基肥中一起施用，以防止缺硼症的发生。已发生缺硼症的瓜田，则可用硼砂加水200倍进行叶面喷施，每隔1周喷1次，连续喷2～3次。硼砂还可和农药混合喷施。

（6）嫁接栽培　台湾西瓜因长年连作关系，枯萎病危害相当严重，尤其1年连作2次的土地，春作发病尤为严重。防治方法除选用抗病品种外，还有用抗病根砧进行嫁接栽培的。通常采用葫芦作根砧，这不但对枯萎病有抗性，而且对根结线虫也有较强的耐性，其耐湿性及低温生长性也比西瓜强，吸肥力也较强，故嫁接于葫芦的无子西瓜，肥料用量可酌量减少。现在台湾无子西瓜除用葫芦嫁接栽培外，也有用特定的南瓜品种及特定的野生西瓜做根砧的。

（7）栽植畦式及株距　无子西瓜植株生育通常比普通西瓜旺盛，分枝繁茂，如株行距过小则易引起徒长，故株行距应酌情放宽。无子西瓜普遍采用下列两种畦式：

①单向条行畦式　畦幅3.5～4米，栽1行，栽在畦沟一旁，瓜蔓向畦沟反方向伸长，株距1.2～1.5米。

②畦沟两旁条行畦式　畦幅7～8米，1畦栽2行，畦沟两边各栽1行，各引蔓向畦沟之反方向伸长（与畦沟成直角伸长）。株距1.2～1.5米。

（8）防寒防风　无子西瓜苗期及生育初期的耐寒性较普通西瓜弱。春作无子西瓜苗期及生育初期正值低温期，为防寒害及风害，都使用塑料薄膜罩或塑料薄膜小拱棚保温防寒。台湾南端冬季气温较高，风力较强，所以均用防风障防风。

（9）灌水及排水　无子西瓜较具深根性，较耐旱而不耐湿，故土壤干燥时需适时灌水。台湾西瓜通常用畦沟灌溉，无子西瓜也不例外，但在河床沙地则用塑料管，在西瓜根部附近喷灌。灌水在上午进行为好，降雨时要立即排水，不使畦沟内有积水。

（10）留果　无子西瓜如用人工授粉，则必须进行引蔓，使瓜蔓向同一方向平行延伸，以便容易找寻雌花的着生部位，以利授粉。

主蔓第一、第二雌花如出生太早（在第二十节以内），则所结的果实品质不佳，宜尽早摘去。自主蔓第二雌花开花时起，宜开始人工授粉留果，这样所结的果实较大，果形圆整，皮薄而无着色秕子，白色秕子也较小，品质优良。

无子西瓜为一代杂交品种，具有杂交优势，结果力很强，应视植株生长情形留果，大果品种1株留2～3个果，中果品种1株留3～4个果，小果品种1株留5～6个果。

（11）采收　无子西瓜苗期生育较弱较慢，又因无子西瓜主蔓上第一雌花不便结果，加上无子西瓜自开花至成熟所需日数比普通西瓜长，所以其开始采收期比普通西瓜稍迟。无子西瓜常因采收太早而变成厚皮西瓜，瓤肉较紧硬，糖度也较低，对此须特别注意。无子西瓜较耐贮运，因此采收成熟度可比普通西瓜酌量提高。

（12）包装　岛内销售的小型无子西瓜，过去用竹篓包装，现在用纸箱。岛外销售的都是中大果品种，过去用木板条箱，每箱装6～8个瓜，净重45千克，现在也多改用纸箱，1箱装2个瓜。

第十节　山东昌乐大棚无子西瓜栽培技术

据有关记载，昌乐西瓜已有360多年的栽培历史。20世纪60年代即以"早、大、甜"被列为山东省名特产瓜果之一。1997年通过绿色食品认证，2008年进行了地理标志农产品登记。昌乐西瓜年播种面积稳定在1万公顷，其中无子西瓜年播种面积1 333公顷左右。以早春栽培为主，秋延迟栽培为辅，年总产量6万吨，在5月上中旬和"十一"前后集中上市。无子西瓜主要集中在昌乐县鄌郚镇种植，鄌郚镇又在全省最早开始无子西瓜栽培，1972年就已被列为国家特需瓜生产基地。近几年种植的主要品种：一是大果型品种，以新一号为主，单瓜重6~8千克，每亩产3 000~5 000千克；二是小果型品种，以先正达公司的墨童、蜜童、先甜童为主，单瓜重2~2.5千克，每亩产2 000~3 000千克，主要作为礼品西瓜进入本地超市、宾馆等高端市场。郎邵牌无子西瓜，2005年进行无公害农产品认证，2006年被评为"山东名牌农产品"。

一、育苗暖棚建造技术

育苗棚应选在距定植地较近、背风向阳、地势稍高的地方。一般育苗棚东西向、面南，宽7米左右，长度因定植面积而异。综合考虑西瓜定植密度、育苗成活率、嫁接成活率等因素，每亩定植面积应准备7~8平方米的育苗面积。

（1）结构　主要由棚体、棚膜、草苫、拉绳和暖道组成。棚体由土墙、立柱、横梁、木棍、竹竿等组成。土墙厚度60~70厘米，后墙高度1.8~2米，东西墙最高点2.5米左右，最低点1~1.2米，最高点到后墙水平距离0.8~1米。暖道由灶池、火道、烟道组成。

（2）施工　先做土墙，东墙设一出入口，西墙中间位置留一烟道。后整平地面，埋2排立柱，北排立柱地上高度2.5米，南排立柱地上高度1~1.2米，立柱间距2.5米左右。将横梁固定于立柱之上，使南、北横梁与东西墙最低点、最高点分别在一条直线上。将粗细适宜的木棍一端用铁丝固定于北横梁之上，一端置于后墙之上25~30厘米，木棍间距30~40厘米。将竹竿用铁丝固定于两横梁之上，南端埋于地下，使竹竿埋入点与东西墙南端点在一条直线上，并使竹竿尽量保持与东西墙相同的弧度。木棍之上先东西向覆一层厚度约10厘米的玉米秸秆，后覆2层塑料薄膜，最后用厚度8~10厘米的麦草泥封顶。火道一般东西向设置在地上棚中间位置，宽50~60厘米，用砖和盖板砌成，用黏土密封。火道一端挖坑垒灶池，一端与烟道连接。灶池宜设在育苗棚入口端，烟道宜高于西墙50厘米以

上。棚膜为两大块一条缝形式，两块棚膜交接处要相互重叠20～30厘米，在棚膜上两竹竿之间设压杆或压绳。最后布设拉绳，覆盖草苫。

二、大拱棚建造技术

（1）结构　由棚架和棚膜两部分组成。棚架由水泥立柱、拱杆、边杆、拉条、压条或压绳组成。大棚以南北纵向为宜。跨度12米左右、中高2～2.4米、边柱高1～1.3米。水泥立柱规格为10厘米×10厘米，一般为5排立柱，方向与棚向一致，排内立柱间距离为2～2.5米。

（2）施工　建造西瓜大棚应选择地势高、排灌方便、土层深厚、土质疏松肥沃、通透性良好的沙质壤土地块。先埋好水泥立柱，立柱埋入地下40厘米，下垫基石。再选用6～8厘米粗的竹竿作拱杆，横向固定于立柱顶端，横杆两端用边杆（竹片）倾斜延伸固定到地下。在拱杆以下20～25厘米处横向固定拉条（铁丝），作为内膜的支撑。棚膜分外膜、内膜。外膜为四大块三条缝形式，两块棚膜交接处要相互重叠20～30厘米。内膜可稍薄，或用上年外膜，搭挂于拉条之上，两侧斜垂于地下。在外膜之上两立柱之间设压条或压绳，两端用地锚固定。最后埋在棚膜四周，从大棚的一头开一小门。门最好面向南，以利于保温。

三、大棚无子西瓜栽培技术

（1）嫁接育苗

①品种选择　选择西瓜品种应遵循以下原则：一是市场需要，外观和内在品质好；二是耐低温，耐弱光，耐湿，抗病虫，易坐瓜；三是外地市场销售要求耐贮运性好。为保证西瓜质量和嫁接成活率，一定要用葫芦种做嫁接砧木。

②营养土配制　一般用田土和腐熟的有机肥料配制而成，忌用菜园土或种过瓜类、花生、甘薯等作物的土壤。按体积计算，田土和充分腐熟的厩肥或堆肥的比例为3∶2或2∶1，若用腐熟的鸡粪干，则可按5∶1的比例混合。

③装营养钵、做床池　在火道两侧拉线，规划东西向宽度适宜的平地床池，床池两侧留出适当的操作便道。将配好的营养土装入两端开口、高8～10厘米、直径为7～8厘米的塑料薄膜营养钵中，使营养土面距营养钵上口1～1.5厘米，然后把营养钵整齐地码放到床池上。

④种子处理　将备播西瓜种子于晴天在太阳下适当晒1～2天，然后用50%多

菌灵300～500倍液浸泡半个小时，将种子表面药液清洗干净后浸种。浸种时将种子放入55℃的温水中，迅速搅拌10～15分钟，当水温降至40℃左右时停止搅拌，继续浸泡1.5～2小时后洗净种子表面黏液，擦去种子表面水分，晾到种子表面不打滑时进行破壳。破壳时用牙齿或钳子轻轻嗑一下种脐，使其略开一小口（约占种脐长度的1/3）即可，注意不要伤及种仁。作砧木用的葫芦瓜种子常温水浸泡48小时。

⑤催芽　将处理好的西瓜种子用湿布包好后放在33～35℃的温度下催芽，葫芦种放在30～35℃的温度下催芽，　般西瓜种子24小时即可出芽，葫芦种48小时即可出芽，当大部分种子露白（胚根长0.5厘米）时即可播种。

⑥播种　大拱棚双膜栽培，一般在大寒至立春之间播种。大拱棚多膜覆盖或用冬暖棚栽培时冬至即可播种。播种应选晴天上午进行。葫芦种子比西瓜种子早播5～7天。

葫芦种子播在营养钵中，播种前1天用喷壶喷足底水。播种时先在营养钵中间扎1个1厘米深的小孔，再将种子平放在营养钵上，胚根向下放在小孔内，随播随盖营养土，厚度为1.5厘米左右。播后及时盖上塑料小拱棚，保持棚内温度25～30℃，注意不要超过35℃，一般2～3天开始出苗。出苗后降低棚内温度，白天以25℃、夜间以18℃左右为宜。

西瓜种播在播种箱里。选用25～30厘米高的容器，如瓦盆、木箱等，先用50%多菌灵500倍液对容器内壁及基质进行消毒，再将基质装入容器，厚度以15～20厘米为宜，装好后将基质表面整平并浇水待播。播种时，将催过芽的种子均匀摆在基质上面，一般每平方米容器中播种500粒左右。播种完毕，在种子上覆盖1.5厘米左右的湿润细沙土。播种后将容器覆盖薄膜，其他管理同上。无子西瓜极易发生带种皮出土的现象，要及时摘除子叶上的种皮。

⑦嫁接　无子西瓜嫁接主要采用贴接和插接两种方法。当砧木苗第一片真叶出现、西瓜苗两片子叶展开时为嫁接适期。

贴接：用消毒后的刀片先将砧木生长点和一片子叶切掉，胚轴与切面呈45°角。再在西瓜苗子叶以下0.8～1厘米处斜削一刀，切面与子叶方向相同，且尽可能大些。然后把二者的切口相互嵌合，用嫁接夹夹住切口。

插接：先用刀片将砧木第一片真叶及生长点去掉，再用竹签在砧木上方切口处，顺子叶连线方向向下斜插。再在西瓜苗子叶以下1～1.5厘米处斜削一刀。

最后拔出竹签，将西瓜苗斜面向下插入即可。嫁接后葫芦苗子叶与西瓜苗子叶呈"十"字形。

⑧嫁接苗管理　为保证嫁接质量，嫁接的环境要遮荫、背风、干净、空气湿润。每嫁接完一株苗，立即放回床池，并向营养钵内灌透水，苗床摆满后，立即将苗床封闭。

在嫁接后的前3天，苗床密闭遮光，白天温度控制在25～28℃，夜间20～22℃。3天后，可在清晨和傍晚去除覆盖物，接受散射光，通风排湿，并逐渐增加光照和通风时间，白天温度控制在22～28℃，夜间18～20℃。1周后，开始通风换气，只在中午前后遮光。一般3天嫁接口愈合，7天成活。10天去掉嫁接夹。10天后，温度白天保持在25～28℃，夜间18℃左右。苗床墒情不足时，用喷壶喷水，以免浇大水降低地温。定植前5天，逐渐降温炼苗，白天温度控制在20℃左右，夜间15℃左右。

⑨壮苗标准　苗龄30天左右，子叶平展肥大，具真叶3～4片，茎高3～4厘米，茎粗0.4～0.6厘米。

（2）整地与施肥

①整地　冬前施肥深翻后挖瓜沟，行距1.6～1.8米、宽50～60厘米、深40～50厘米，生土与熟土分别放置、晾晒、风化，施肥做畦时按先生土后熟土的顺序回填，做畦于定植前半个月左右进行。以填平的瓜沟为畦底，沟间为畦背，做成畦底宽30厘米，畦底与畦背高度差为20厘米的圆滑的龟背形畦面。

②施肥　根据土壤养分含量和西瓜的需肥规律进行平衡施肥，限制使用含氯化肥和硝态氮肥。在中等肥力土壤条件下，结合整地，每亩施腐熟有机肥（以优质猪厩肥为例）4 000～5 000千克、腐熟饼肥100千克、氮肥（N）6千克、磷肥（P20）3千克、钾肥（K20）7.3千克，或使用按此比例折算的复混肥料。有机肥一半撒施，一半施入瓜沟，化肥全部施入瓜沟，肥料深翻入土，并与土壤混匀。

（3）定植　近几年，大拱棚双膜栽培，只要过了雨水即可定植，必要时可在棚内加膜（多膜栽培）。为了提高地温，于定植前2～3天在瓜畦上覆盖地膜，地膜之上再搭设小拱棚。定植密度根据品种和整枝方式的不同而定，无子西瓜一般应保证单株0.4～0.5平方米的营养面积。

定植时，先向穴内浇水，待水渗下后，将嫁接苗从营养钵中取出，栽入定植穴内。定植深度，以嫁接口高出畦面1~2厘米为宜。为给无子西瓜授粉，4~5行无子西瓜间种1行有子西瓜作授粉株。定植完毕，喷施除草剂，每亩施72%都尔乳油50毫升，然后覆盖地膜，将瓜苗引出到地膜外面，最后将棚扣严提温。为提高地温，最好在下午14~15时前定植完毕。

（4）田间管理

①缓苗期管理　定植后立即扣好棚膜，白天棚内气温要求控制在28~30℃，夜间要求保持在15℃左右，最低不低于5℃。此期一般不需浇水。注意及时补苗，防治病虫害。

②伸蔓期管理

温度管理：棚内温度，白天控制在25~28℃，夜间控制在13℃以上、20℃以下。

水肥管理：缓苗后浇一次缓苗水，水要浇足，一般开花坐瓜前不再浇水，如确实干旱，可在瓜蔓长至30~40厘米时再浇1次小水。为促进西瓜营养面积迅速形成，在伸蔓初期结合浇缓苗水每亩追施速效氮肥（N）5千克，追肥在茎部一侧10厘米处开沟或挖穴施入。

整枝压蔓：采用双蔓或三蔓整枝。第一次压蔓应在蔓长40~50厘米时进行，以后每间隔4~6节再压一次。压蔓时要使各条瓜蔓在田间均匀分布，主蔓、侧蔓都要压。只保留坐瓜节位的瓜杈，其余瓜杈要在坐瓜前及时抹除，坐瓜后应减少抹杈次数或不抹杈。

③开花坐瓜期管理

温度管理：白天温度要保持在30℃左右，夜间不低于15℃，否则将坐瓜不良。

水肥管理：不追肥，严格控制浇水。只在土壤墒情差到影响坐瓜时才浇小水。

人工辅助授粉：适宜的授粉时间为晴天上午7~10时，阴天8~11时。把当天开放且已散粉的授粉株上的雄花采下，将雄蕊对准无子西瓜雌花的柱头，轻轻沾几下，看到柱头上有明显的黄色花粉即可。一朵雄花可授2~3朵雌花。

选留瓜：无子西瓜应选留主蔓上第三雌花留瓜，侧蔓上的雌花作留瓜后备。待幼瓜生长至鸡蛋大小、开始褪毛时每株仅选留1个瓜。

④膨大期和成熟期管理

温度管理：适时通风降温，把棚内气温控制在35℃以下，但夜间温度不得低于18℃。

水肥管理：在幼瓜鸡蛋大小开始褪毛时浇第一次水，此后当土壤表面早晨潮湿、中午发干时再浇一次水，如此连浇2～3次水，每次浇水一定要浇足，当瓜定个（停止生长）后停止浇水。结合浇第一次水追施膨瓜肥，膨瓜肥以速效化肥为主，每亩施磷肥2.7千克，钾肥5千克，也可沟施腐熟饼肥75千克。化肥以随浇水冲施为主，尽量避免伤及西瓜的茎叶。为保证西瓜质量，收获前7～10天应停止浇水。

护瓜：在幼瓜拳头大小时将瓜柄顺直，然后在幼瓜下面垫上麦秸，或将土壤拍成斜坡形，把幼瓜摆在上面。西瓜停止生长后要进行翻瓜，翻瓜要在下午进行，顺一个方向翻，每次的翻转角度不超过30度，每个西瓜翻2～3次即可。随着温度的升高，还要在西瓜上面盖草或牵引叶片以遮荫防晒。

选留二茬瓜：一般在头茬瓜采收前10～15天，在生长健壮的侧蔓上选留二茬瓜。

（5）采收　为保证西瓜质量，一定要在西瓜完全成熟时采收，一般在授粉后40～45天进行，并在上市前进行质量检测。在一天中，10时至14时为最佳采收时间。采收时用剪刀将瓜柄从基部剪断，每个瓜保留一段绿色瓜柄。

（6）病虫害防治　主要病害有猝倒病、炭疽病、枯萎病、病毒病等，主要虫害有种蝇、瓜蚜、瓜叶螨等。应优先采用农业措施、物理措施、生物措施综合防治病虫草害。如育苗期间尽量少浇水，加强增温保温措施，保持苗床较低的湿度和适合的温度，以预防苗期猝倒病和炭疽病的发生；在酸性土壤中可施入石灰，将pH值调节到6.5以上，以抑制枯萎病的发生；春季彻底清除瓜田内和四周的紫花地丁、车前草等杂草，以消灭越冬虫卵，减少虫源基数，减轻蚜虫危害；要及时防治蚜虫，防止蚜虫和农事操作传毒，以预防病毒病的发生；叶面喷施0.2%磷酸二氢钾溶液，以增强植株对病毒病的抗病性；按糖、醋、酒、水和90%敌百虫晶体3∶3∶1∶10∶0.6比例配成药液，放置在苗床附近以诱杀种蝇成虫；覆盖银灰色地膜，以忌避蚜虫等。

为保证西瓜质量安全，在特殊情况下必须使用农药时，应按照A级绿色食品生产农药使用准则进行。优先使用绿色食品生产资料类农药，其次使用中等毒性以下的植物源农药、硫制剂和铜制剂。允许使用的部分有机合成农药，在西瓜生长期内只允许使用一次，并严格执行农药安全使用标准、农药合理使用准则关于农药用量、安全间隔期等相关规定。严禁使用剧毒、高毒、高残留农药。

第十一节 河南开封无子西瓜间套作栽培技术

开封是我国主要西瓜生产基地，具有西瓜生产优越的土壤、气候条件和区位优势以及长期积累形成的丰富栽培经验。首先，拥有因黄河泛滥而形成的砂壤土为主的深厚土层；其次是春末夏初少雨多光照，其冬春平均气温均较周边省份高，丰富的光照资源为开封西瓜提供了良好的生产条件。该地区形成了个大、皮薄、大果型为主要特色的"汴梁西瓜"品牌优势，具有减少劳动力及生产设施投入少、特色鲜明的简易化栽培方式，已发展成为我国中晚熟无子西瓜生产面积最大、种植最集中的商品西瓜产区。近年来，开封瓜区农民经过反复探索，根据当地土壤类型和农作物种植习惯，总结出一套适于本地区应用的小麦→无子西瓜→花生合理间套作栽培模式。这套栽培模式一般每亩能收小麦400千克，花生200千克，无子西瓜3 000千克。这套栽培模式要掌握以小麦为基础、以无子西瓜为中心并兼顾抓好后期的花生栽培。在实践中，要具体抓好以下几个关键生产技术。

一、栽培季节及模式

栽培季节和模式的选择应立足于当地的资源环境优势，使各种生产要素均能发挥最大效益、创造最大投入产出比。

开封瓜区间作套种的套作带型主要是以5.1米为一种植带，并预留1.5米种瓜畦带，以后种瓜畦带上种2行无子西瓜，西瓜行距0.6米，株距0.5～0.6米。南北走向，播小麦12行，麦带播幅2.7米。套种小麦的适播期与一般单作小麦的播期相同，即在上年的10月5日至15日。将西瓜果实发育期安排在本地气候最适宜西瓜生产的季节，使西瓜在6月10日前果实基本坐齐，7月初至8月上旬为集中上市期。育苗时间安排在2月底至3月中上旬，在塑料大棚或日光温室内育苗，3月底至4月上中旬幼苗移入大田后再加小拱棚双膜覆盖，5月上中旬于两垄小麦中间以正常株距（20厘米）点播花生。

这套模式的优点：一是兼顾了粮油等大田作物的生产，在当前国家日益重视粮食安全生产的战略背景下，更具有现实和长远意义；二是它的综合经济效益较高；三是充分利用了当地生态资源优势，小麦生长后期对无子西瓜生长前期可起到防风保温的屏障作用，对促进瓜苗健壮生长十分有利。无子西瓜耐湿抗逆

性强，适于作晚熟套作栽培，延后上市供应盛夏西瓜市场，可获得较高的经济效益。利用套作后期的一段夏秋空间种植花生，最为合理有效，并能取得丰产丰收。

二、选择适宜品种

在选择用于间套作的小麦、无子西瓜和花生品种时，应从丰产性、抗逆性、生育期长短、在本地的适应性以及在共生期内相互影响程度等方面加以权衡。小麦以选用抗逆性强的高产偏早熟的矮秆品种为好，现阶段以百农160、郑麦9987、开麦13、周麦18等为宜；花生以中熟、直立型或半直立型的开农41号、开农49号、开农51号等品种为宜，这类品种的丰产性强，其生长旺季又在7月份以后，可减少其与无子西瓜共生期间的生长矛盾；无子西瓜品种的选择应根据当地的生产实际和市场销售需求。开封瓜区目前仍以选用大果型、中晚熟类型品种为主，应选择果型较大、长势中庸、耐贮运性好的中晚熟无子西瓜品种，主要有菊城无子6号、郑抗无子5号、郑抗无子8号、翠宝5号等。

三、无子西瓜嫁接育苗

（1）配制营养土　营养土用未种过瓜菜的过筛田土，按70％田园土、30％农家肥的比例配制，每立方米可加入50％多菌灵100克、硫基三元复合肥1千克充分拌匀，闷3~5天后装钵。

（2）播种　播前经晒种、浸种、破壳、催芽等环节，待芽长0.2~0.3厘米时播种。播前3天密闭育苗大棚，同时苗床浇透水，其上盖一层地膜，以提高苗床温度。播种时先揭去地膜，将种芽向下平放在钵中间，随即覆土1~1.5厘米并及时覆盖地膜，并搭建小拱棚。当70％的种子出土后即可撤去地膜。心叶显露期用靠接法进行嫁接，砧木采用本地食用葫芦，由于大棚和小拱棚双层膜覆盖，所以嫁接后可省去盖草毡遮荫的劳力及草毡投入，嫁接后3天全天密闭小拱棚，保持湿度95％以上，第四天开始少量通风，4天后逐渐增大通风量或延长通风时间，10天后按正常育苗床管理。

四、整地及定植

（1）土地整理　开封瓜区土层深厚，为沙质土壤，非常适合西瓜的生长。针对开封地区土壤及气候特点（早春多风沙危害），整地做畦应做到既能活化土壤，又能避开不利环境条件的影响。定植西瓜的瓜沟要在春季进行翻耕，利用冬季低温风化疏松土壤，减少病虫越冬基数。定植前结合挖瓜沟，每亩施农家肥3立方米，氮磷钾复合肥30千克，结合施基肥，回填沟土，将种植畦耙成坡度为

15°～20°的龟背形畦。种植畦在幼苗移栽前5～7天浇水沉实，定植前3天整地做畦，用铁耙将畦面耙匀、耙平，做到表里一致，质地紧密。耙前可每亩施入4袋（每袋800克装）地菌净，通过搂耙使其与土壤掺匀，然后喷施除草剂，每亩用都尔250毫升对水50～75升，均匀喷雾，上覆100厘米宽地膜，以达到增温保墒的作用。

（2）瓜苗定植　无子西瓜幼苗3叶1心时应及时定植，定植前1天瓜苗喷施0.3%～0.5%尿素作根外追肥，同时喷施70%甲基硫菌灵800倍液，使瓜苗带药带肥进入大田，阻断病虫害通过幼苗传入田间。定植应选择冷尾暖头天气的上午进行，随定植随按穴浇稳苗水，水渗完后用土填平定植穴，定植穴四周用细土封严。定植后立即搭建小拱棚，用1.5米长竹竿做拱架，每隔一株瓜苗插一拱架，上覆1米宽地膜，地膜两侧用土压实，以保证小拱棚内的温度、湿度。同时按8～10：1配植授粉品种，可集中栽在田边地头。

五、定植后的管理

（1）麦瓜共生期的管理　无子西瓜移入大田后，是小麦需水需肥量最大的时期，同时小麦上的一些病虫害也可能侵入幼嫩的西瓜植株。所以，在定植瓜苗时应注意对地下害虫的防治，可视情况撒毒麸1～2次，并应重视和加强对蚜虫的防治。在水肥管理上，因小麦此期内的需肥量大，故可结合点播花生，在播前和花生出苗后各浇水1次。

（2）无子西瓜植株的管理

①温湿度管理　定植后应密闭小拱棚，提升棚内温度和湿度，以促进缓苗。4月中旬视天气情况（或小拱棚内上午气温30℃时）扎孔通风，先期可隔1株扎一通风口，以后随外界气温升高，通风口逐渐加大加密至每株一个通风口。通风口应正对幼苗，在瓜蔓即将伸展的方向，并尽量靠近地面，以减少水分散失。4月下旬引蔓出棚，5月上旬撤去小拱棚，以后按一般地膜栽培方法进行管理。

②瓜蔓及幼果整理　该区采用的稀植栽培与花生间套作，西瓜卷须缠绕在花生植株上，可起到固定瓜蔓的作用，所以生产上多不进行整枝压蔓，只需将同一株的瓜蔓聚拢在一起，朝同一方向摆放。第二雌花开放期，每日上午6～9时进行人工辅助授粉，无子西瓜应将节位适宜的雌花（主要是第三、第四雌花）全部授粉，增加单株坐瓜数，以便后期选瓜和定瓜。幼瓜坐稳后（如幼瓜鸡蛋大小时）应及时进行选瓜定瓜工作，每株选留1个节位适当、外形周正的幼果，应选节位相同、大小基本一致的幼瓜，以主蔓或长势较壮的侧蔓留瓜为主。

③肥水　由于基肥用量大，所以生长期除膨瓜肥外不再追肥，幼瓜坐稳后重施膨瓜肥，每亩追施复合肥20～25千克，中后期可结合浇水每亩撒施速效性氮肥10千克。定植时应浇足缓苗水，如天气干旱、土壤墒情差，可顺种植畦两侧浇小水，或结合麦田浇水，普浇1～2遍。第二雌花开放前3～5天可顺种植畦浇1次水，以保证雌花充分发育，应避免授粉坐瓜期间因浇水过多而造成坐瓜困难；幼瓜坐稳后开始浇膨瓜水，每隔7～10天浇1次，采收前10天停止灌水。

（3）花生—西瓜共生期的管理

小麦成熟后应及时收割，以尽早改善光照条件。结合中耕灭茬，给花生增施磷、钾肥，一般每亩施氮磷钾三元复合肥10～15千克，以满足花生生长的需要。在西瓜生长的中后期应防止杂草滋生，可在杂草3～4片真叶期喷"精禾草克"除草剂。西瓜收获后，应及时清理瓜秧，但要防止西瓜拉秧时伤害花生植株。花生要及时培土"迎针"，使花生迅速恢复旺盛生长状态。

六、无子西瓜的病虫害防治

（1）主要病害　苗期主要病害为有立枯病、猝倒病。在做好种子处理和苗床消毒的基础上，要注重苗床管理，防止湿度过大，齐苗后喷一遍50%多菌灵600倍液。生长期的病害主要有病毒病、叶枯病等。经嫁接后的西瓜断绝了枯萎病从根部侵入植株的通道，可高抗枯萎病，但要注意病菌从不定根、茎蔓伤口处侵入。生长期内可结合对叶部病害的防治，定期喷70%甲基硫菌灵可湿性粉剂500倍液。对病毒病的防治应从防治蚜虫入手，掌握病害流行规律。在西瓜开花结果阶段，如遇连续高温、干旱、强光天气，极易发生病毒病，应在本地出现高温干旱强光气候条件时就开始防蚜，防治时期是从5月下旬开始，持续到6月中上旬，用药共2～3次，主要药剂有1.5%植病灵乳油1 000倍液，5%菌毒清AS 500倍液，5%病毒酰胺1 000倍液，可较大程度减轻病毒病的发生和危害。

（2）主要虫害　开封西瓜产区危害最严重的害虫主要有蚜虫、甜菜夜蛾等。蚜虫喜在叶背或幼茎上吸食汁液，造成叶面凹凸不平，严重时叶片向叶背卷缩，影响光合作用，造成植株生长受阻或停止生长。瓜蚜分泌的"蜜露"覆盖叶片，影响光合作用及呼吸作用，还可导致病菌危害。此外，瓜蚜是病毒病的主要传播者。瓜蚜多从小拱棚通风口侵入西瓜植株，对西瓜造成危害。所以对蚜虫的防治，要在4月中下旬通风工作开始后，注意观察田间蚜虫发生情况，在点片发生时就开始用药，一直持续到5月下旬，用药间隔期为7～10天，主要药剂有10%吡虫啉乳油1 500倍液，2.5%溴氰菊酯乳油或氰戊菊酯乳油2 000～3 000倍液。不同性质的农药要交替使用，同时注意对瓜田附近的蔬菜、玉米等农作物及田地杂草上的蚜虫进行喷药防治，注意重点喷布叶背。甜菜夜蛾多于6月上旬坐果节位雌花开放期发生危害，幼虫在花期咬食雌花柱头及雄花花药，影响授粉及坐果，咬食幼果则造成落果，对较大果实的危害主要是啃食瓜皮，影响果实外观。生产上可结合蚜虫一起防治，只是将用药时间延长至6月中旬。

七、采收

开封的无子西瓜大多数销往外地，在果实八九成熟时即可采收，严禁采摘生瓜上市。采收时为了保持果实新鲜度，可保留一段瓜蔓。

第十二节　北京无子西瓜栽培技术

一、北京无子西瓜生产概况

北京市无子西瓜生产的发展经历了一个曲折的过程。早在1965年，中国农业科学院果树研究所就派出研究人员到北京市大兴区天堂河农场和丰台区卢沟桥农场蹲点，推广无子西瓜（品种为无子3号）的种植技术，虽然试种获得了初步成功，但因品种不对路、栽培技术不过关等原因（当时无子西瓜生产上存在的"三低"问题未能很好解决）而未能推广应用。20世纪70年代至80年代，中国农业科学院品种资源研究所和其他科研单位陆续有无子西瓜品种在北京郊区进行试种推广，也未获得成功。20世纪80年代初，北京市农林科学院果林研究所与中国科学院植物研究所试用无子西瓜组培育苗，虽然获得了成功，但因技术要求较严、投资成本高，不适合大面积生产应用，所以也未能推广。同时，中国科学院微生物所试用无性扦插繁殖无子西瓜获得初步成功，但因故也未能推广应用。20世纪80年代中后期，中国农业科学院郑州果树研究所和北京市农业技术推广站合作在京郊大兴区、顺义区、平谷区、通州区等郊区推广无子西瓜新品种黑蜜2号及其配套栽培技术，获得了圆满成功，并进行大面积推广，栽培面积逐年扩大，取得了明显的社会效益和经济效益。20世纪90年代中期，北京市农业技术推广站针对当时无子西瓜生产发展中存在的上市晚、品质一般、产量不稳等问题，提出了"四改"技术，"四改"是：一改品种，用易坐果、品质优的中熟品种暑宝代替黑蜜2号；二改种植方式，用地膜+小拱棚代替单一地膜；三改施肥方式，用有机肥+复合肥作基肥，分期追施氮、钾肥代替复合肥一次性基施不追肥；四改病虫害防治措施，用农业+物理+生物+化学等方法综合防治代替单一的化学防治，从而使

本市无子西瓜上市时间提早10天以上，含糖量提高0.5%~1%，每亩产量稳定在4 000千克左右。四改技术在京郊各区县普遍推广开来，目前北京市无子西瓜种植面积已基本稳定在1 333公顷左右，栽培品种以暑宝无子、黑蜜2号为主。

二、北京无子西瓜栽培技术

无子西瓜的生长与普通西瓜大体相同，其栽培技术与普通西瓜接近，但无子西瓜也有其独有的特点，如种子发芽率低，成苗率低，前期生长缓慢，中后期生长旺盛，花粉败育，自然坐果率低等。因此，在栽培管理上要采取相应的技术措施，才能获得高产高效。

（1）瓜田准备　无子西瓜虽然对土壤的要求不太严格，但从高产、优质角度考虑，还是需要人为地为其丰产创造一个较好的适宜环境条件。由于无子西瓜具有忌连作、不耐涝、怕旱、根系发达等特点，所以在选择瓜地时，应选择地势高燥、阳光充足、土层深厚、通透性好、排灌方便的田块，以保证无子西瓜的正常生长发育。早春解冻后，耙细整平瓜地，按预定的行距开挖瓜沟，沟深、沟宽各30厘米，灌足底墒水，在沟内每亩施优质腐熟农家肥4 000~5 000千克、氮磷钾三元复合肥50千克，或者施西瓜专用肥50~60千克，并喷洒辛硫磷溶液消毒，然后合垄做畦覆膜，此项工作应在定植前7~10天完成。

（2）播种育苗　无子西瓜种子发芽和出苗对温度的要求比有子西瓜高，二叶期前生长缓慢，幼苗抗寒能力弱，所以目前一般均采用育苗移栽的方式进行生产，也有个别地方进行直播栽培。

①苗床准备　在大棚或小拱棚内建立苗床。苗床一般宽1.2米、深15~20厘米、长8~12米。在小拱棚苗床的北侧用高粱秸或玉米秸做成风障。营养土一般按四份原田土和一份腐熟厩肥的比例配制，加入适量的苗床净或甲基硫菌灵和敌百虫消毒充分掺匀，过筛后装入营养钵中，盖膜增温。

②浸种催芽　浸种前要严格地选种，淘汰劣种、次种，并在阳光下晒半天。浸种时先将开水、凉水按2:1的比例倒入干净的盆中，温度调至55~60℃，将种子放入并迅速搅拌，直到温度降至40℃以下停止搅拌，种子继续浸泡1~1.5小时，捞出反复搓洗，去掉种子表面的黏性物质。由于无子西瓜种胚发育不完全，种皮较厚，因此发芽十分困难，所以催芽前必须采取破壳处理以提高发芽率。一般多用牙齿把种脐部的缝合线轻轻嗑开1/3，也可以用指甲刀将种脐部夹开，注意不要使种胚受损。也不能将种脐嗑开过多，以免催芽过程中种皮脱落。嗑好的种子用拧干的湿布卷好，置于33~35℃的恒温箱中催芽，经过20~24小时，先把出芽的种子挑出，余下的种子再继续催芽。农村一般采用热炕、电热毯、火炉等

进行催芽，但一定要控制好温度和湿度，以保证种子顺利发芽。在催芽过程中要特别注意以下几点：一要保持合适的湿度，不可随意加水或淋洗，以防止因发芽床和种子含水过大而引起烂种或烂芽，但也不要使苗床湿度过小，以防止种子干化；二要保持相对恒定的温度，防止温度剧烈变化，剧烈降温或温度过高都会导致正在萌动的种子丧失发芽能力；三要保持种子通风透气，不要在封闭严密、不透气的容器或塑料膜中进行催芽。

③播种　北京地区适宜在3月底4月初播种，播种前一天浇透底墒水。播种应该选在晴朗无风的条件下进行，点播时用小木棍在每个营养钵中心扎一小孔，然后将种子平置于育苗土中，使小芽向下紧贴孔壁，每个营养钵点播1粒出芽种子，然后及时用过筛细土覆盖，厚度不要超过1厘米。播种从苗床一头开始，边播边盖膜。

④苗床管理　无子西瓜苗期一般为30天左右。根据发芽和幼苗的生长规律，苗床管理可分为3个阶段：第一阶段，从播种到子叶出土微展，管理的重点是提高温度和"摘帽"，白天温度保持在30～35℃，夜间适当加盖草帘防寒，夜间地温保持在18～20℃。无子西瓜带壳出土是育苗时常见的现象，在每天早晨趁种皮潮软的时候，用双手或镊子轻轻将种皮去掉，注意不要伤及子叶和幼茎。每二阶段，自子叶微展至第一片真叶显露，管理的重点是控制水分降低温度，防止高温徒长形成高脚苗。这个时期白天温度应控制在25℃左右，夜间在15～20℃，如果温度过高，应打开膜口通风降温，通风的位置一般在背风的一面，通风一般在上午10时至下午16时左右。第三阶段，自幼苗破心至2～3片真叶，管理的重点是温度和湿度。将苗床温度适当提高到25～30℃，通风时间适当延长，移栽前3～5天揭膜炼苗，以增强幼苗抗逆性。幼苗期严格控制湿度，只要苗床底水充足，尽量不浇水，如出现缺水，可在晴天上午用洒水壶淋浇，以保持一定的湿度。在移栽前一天下午浇一次透水，防止移栽时散坨伤根。此外，应及时注意清除杂草，喷药防治猝倒病和各种害虫。

⑤配置授粉品种　无子西瓜雄花花粉发育不良，没有生活力，不能刺激雌花子房的发育，必须借助于普通西瓜正常花粉的刺激，才能长成无子西瓜。授粉品种宜选用当地主栽的有子西瓜优良品种，果实的皮色应与无子西瓜的皮色有区别，以便于采收时识别，与无子西瓜的比例一般为1∶9。为了使授粉品种花期与无子西瓜的花期相遇，授粉品种宜晚播3～5天。

无子西瓜育苗技术是无子西瓜生产的关键技术，只有准确掌握育苗过程中的关键环节，才能保证苗齐苗壮，为丰产增收打下良好基础。

（3）采用双膜覆盖栽培，提早定植　为克服早春大风或阴雨天低温的影响，北京地区多采用地膜加盖简易小拱棚栽培，棚宽、棚高均为40～50厘米，每隔0.8～1米插1个拱条支撑。双膜覆盖栽培有利于缓苗，早发棵，提早坐果，使果实生长发育在阳光充足、雨水较少的6月份进行，尽量避开高温多雨、多病虫害的7月份，以保证西瓜产量和品质。果实成熟采收正值北京市场的空白期，经济效益相对较好。定植时间一般在4月中下旬，比地膜覆盖提早10天左右，选择晴朗无风的天气，并注意收听天气预报，避开大风降温天；定植苗的苗龄以2～3叶1心为好；定植密度，北京地区一般每亩种植650～750株，株距70厘米左右，行距1.4～1.6米；定植方法，先在高垄中央按计划株距打孔，必要时可喷药防治土壤害虫或施入少量的穴肥，将幼苗栽入穴内的深度应略低于地面，覆土使营养钵与土壤紧密结合，浇水稳苗，待水下渗后，再用细土将膜孔封严；单行定植，栽完一畦立即扣棚，每亩栽苗700株左右。

（4）田间管理　无子西瓜苗期生长缓慢，要早管促早发，伸蔓后控制肥水，防止徒长，为坐果创造条件，选择较好节位进行人工授粉。

双膜覆盖栽培定植后前几天一般不通风，以促进缓苗。待天气转暖，当棚温升至30～35℃时及时通风降温。当瓜蔓长至30厘米左右时，由于拱棚内空间小，要及时在畦上顺同一方向引蔓，防止瓜蔓缠绕和因棚膜抖动折断蔓尖，到5月中旬及时撤掉棚膜。

①肥水管理　无子西瓜在整个生长期至少浇水2～3次。西瓜伸蔓后叶片增多，日照时间长，需水量加大，须浇1次"伸蔓水"；当幼瓜长至拳头大小时，要浇"膨瓜水"，保证西瓜正常生长发育。以后可根据气候和土壤墒情决定是否浇水，采收前1周停止浇水。西瓜是喜肥作物，合理施肥是保证西瓜优质高产的重要措施之一。施肥总的原则是慎施提苗肥，巧施伸蔓肥，重施膨瓜肥。追肥以速效肥为主。在施足基肥的情况下，非沙性土壤一般不施提苗肥。一般情况下主要进行两次追肥：第一次是伸蔓肥，应以氮肥为主，辅以钾肥，以促进西瓜的营养生长，确保西瓜根系的充分发育和大量同化叶面积的形成，一般每亩追尿素8千克、硫酸钾5千克；第二次是在果实膨大期之前追施速效化肥，以钾、氮肥为主，以有利于果实产量的形成和品质的改善，一般每亩追施尿素20～25千克，硫酸钾10～15千克。根据当地的土壤气候条件和瓜秧的长势情况合理控制水肥，做到追控结合，灌排结合。

②整枝压蔓　一般多采用双蔓整枝，即保留主蔓，并在主蔓基部选择1条健壮侧蔓，其余侧蔓全部摘除。为了固定瓜秧，防止被大风吹翻，可以用瓜铲将土

壤铲松、拍平，把瓜蔓埋在土中。也可用大土块或树枝等把瓜蔓固定在地面上，以后每隔4～6节压一次蔓，前后压2～3次。压蔓时，主、侧蔓相对并近，两棵瓜秧中间留出较大的空间给后面的瓜秧伸长。瓜秧爬过垄后，要及时把龙头引入前垄瓜秧的叶片下面，让新生叶片从叶缝中钻出来，避免前后瓜秧互相遮盖。这样茎蔓分布合理，叶片通风透光，可增强光合作用和抗病能力，从而提高西瓜产量和品质。

③人工辅助授粉　为了保证在合适节位的雌花结果，必须进行人工授粉。留果以主蔓第三雌花或侧蔓第二雌花的品质最好、产量最高。授粉应在每天上午7～10时进行，早上西瓜开花时，先从授粉品种上采集刚刚开放的雄花，将花瓣折向背后，露出雄蕊，然后在当天开放的无子西瓜雌花柱头上轻抹1周，使其授粉均匀。

④坐果留果　当幼果长至馒头大小时，果实开始迅速膨大，此时一般不再落果，要及时选留节位好、果形周正的果实，每株留1个果。

⑤病虫害防治　这是田间管理的一项经常性工作，是丰产的重要环节，要早防早治。防治原则是优先采用农业防治、物理防治、生物防治等措施，然后才是化学防治。

⑥盖瓜　无子西瓜生长后期植株逐渐衰败，叶片不能有效地遮盖阳光，故要及时用报纸盖瓜，防止被太阳光灼伤。

（5）适时采收　无子西瓜从开花到果实成熟需要35～40天。适度成熟的果实瓤色好、多汁、味甜、爽口，应及时采摘。

第十三节　河南孟津县无子西瓜直播栽培技术

河南洛阳市孟津县从1988年开始探索无子西瓜露地直播栽培技术，于1991年进行大面积示范推广。实践证明，无子西瓜的直播栽培与育苗栽培相比各有利弊。直播栽培的优点是不需育苗，简化了技术程序，节省了人工，减少了投资。直播苗不会因移栽而伤根，没有缓苗期，根系发育好，植株生长快。但直播栽培的缺点是播期稍晚，成熟稍迟，用种量稍多，播种出苗后的小苗管理要求十分严格，适用的地区与季节受到一定的限制。为了解决这些问题，孟津县西瓜协会经过多年探索，积累了成功的种植经验，获洛阳市科技进步一等奖。2006年获河南省科技进步二等奖，其技术要点如下。

一、品种选择

无子西瓜直播栽培实行晚播延迟栽培，故应先用大型中晚熟丰产抗病品种。较好的无子西瓜品种有黑蜜2号、黑蜜5号、蜜枚1号、暑宝、华玉1号、翠宝5号、农友新1号等。

二、选地、整地做畦与施基肥

（1）瓜田的前茬、地势、土质　理想的瓜田前茬为没有种过瓜类、蔬菜作物，在6年内未种过西瓜。瓜田要选排灌方便、地势稍高、位置向阳、地温较高和春季温度回升较快的砂壤土田块。

（2）整地做畦与施基肥　①开春犁地时每亩撒施优质厩肥4 000千克，深耕25～30厘米，耕后要细耙。②播种前开沟施肥，在预定瓜行上犁开1条深约20厘米的瓜沟，每亩施入腐熟的饼肥或鸡粪150千克，西瓜专用复合肥25千克，随即平沟做畦埂，埂高15～20厘米、宽25～30厘米，埂面要平直。

三、浸种催芽

（1）浸种与破壳　其方法同无子西瓜育种栽培方式中的浸种、破壳的一般方法相同。

（2）催大芽　经试验证明，播大芽可以缩短出苗期，减少种芽在土中的养分消耗和病虫危害，有效提高无子西瓜的出苗率。大芽以1～2厘米长为宜。大芽的催芽方法与育苗栽培方式中的一般方法相同，但所需时间略长一些。待芽长1～2厘米时拣出放于湿沙上待播。

四、大田直播

（1）墒情要足　播种时的土壤墒情足是保证无子西瓜早出苗和苗齐苗壮的必要条件，不足或过大均不相宜。土壤以相对持水量达63%～76%为宜，实际操作时可用手轻握土壤，以能捏成团，落地即散，即说明土壤含水量适宜。

（2）播种期要适宜　无子西瓜直播期以日平均气温稳定超过10℃为始期，日平均气温稳定通过14℃为最佳期。此时正值小麦拔节始期，可作为适播期的物候指标。河南孟津县一般在4月份直播，比育苗栽培的播种期推迟10～20天。具体播种时间应根据当年当时的天气预报而定。播种应选择晴好温暖无风天进行。

（3）拌药与贴芽浅播　直播西瓜的苗期易遭种蝇、蝼蛄、蛴螬等地下害虫为害，在大田直播前要在每穴内撒施5%涕灭威颗粒剂2克，用瓜铲翻搅均匀后即可待播。播种时先用瓜铲拍平穴面后顺瓜埂方向划一道2厘米深、7厘米长的小缝，在缝沟两端各贴播1个种芽，种尖向下或平放，再用瓜铲把小缝轻轻挤平，上面覆盖2厘米厚细土。播种以浅播为宜，深度为1.5~2厘米。播后立即覆盖宽度为70~80厘米的地膜。地膜必须压紧盖严，以确保增温保墒效应。

（4）行株距的确定与授粉品种播种　适宜行株距为1.7~1.9米×0.55~0.7米，每亩留苗600株左右。授粉品种与无子西瓜同期直播，其种植株数为总株数的1/10，可播于瓜田四周或两头。授粉品种应选用果实皮色与无子西瓜明显不同、花粉量大、生长势强的普通西瓜（即二倍体西瓜）品种。

五、田间管理

（1）及时放苗、定苗　瓜苗出上后，在晴天应在早晚气温稍低时（阴天中午亦可进行），用小剪子或小刀在芽苗上方的地膜上划一小口，将瓜苗放出地膜，瓜苗周围用细土封严压实。幼苗长至3~4片真叶时，每穴选留1株健壮无病壮苗定苗。

（2）整枝留果　采用1主2副的3蔓整枝法，其余侧蔓全部摘除。瓜蔓每隔20~30厘米压蔓1次，可用土块明压，也可以用小树枝杈卡明压。主蔓第十至第二十三节处（第二、第三朵雌花）或侧蔓第十二至第二十节处为最佳留瓜部位。

（3）追肥浇水　3片真叶期每株施用尿素0.5千克配成1:70溶液施于距瓜苗10~15厘米处。幼果褪毛后再以西瓜专用复合肥（氮4:磷12:钾16）施于距瓜苗20~30厘米处，每亩用量为25~30千克。苗期与开花期应控制浇水，果实膨大期应及时浇水，保持瓜田土壤相对持水量75%~85%。

（4）人工授粉与插标熟签　无子西瓜栽培必须强化人工授粉，以确保坐果。无子西瓜直播栽培的人工授粉操作方法与育苗栽培方式的人工授粉操作方法相同。授粉后应插标熟签，每3天换1种颜色，以利于熟时采收。

（5）选果、垫瓜、翻瓜　授粉结束5天后，开始检查坐果情况并选留幼果。每株只选留1个健壮无病无斑的幼果。瓜底用细土垫高5~8厘米，以防烂果。果实膨大后期开始翻瓜，每次翻转45°角，每4~5天翻1次，以利果实成熟和皮色一致。

六、病虫害防治

（1）幼苗至伸蔓期　每株瓜苗蚜虫或蓟马超过10只时，用10%吡虫啉可湿性粉剂3 000倍液或3%啶虫脒乳油2 000倍液喷洒叶面，隔3天再喷1次。

（2）伸蔓至结果期　病毒病发生初期，每亩用植病灵150克加水100升，用以喷洒叶蔓正反两面，隔3天再喷1次。炭疽病初发时，用80%托布津10克加水75升，用以喷洒叶蔓。

（3）结果期　枯萎病初发时，将瓜蔓基部土壤扒去，露出白根，晾晒2天后，用1克重茬剂1号加水300毫升，浇于此穴中，渗完后封土。

七、适时采收

判断瓜熟的外形标准：果皮光泽减退变暗，果柄绒毛大部分干枯；判断瓜熟的积温标准：中熟品种坐果后有效积温达900～1 000℃。达到两标准之一者，挑选1～2个样品剖开观察，确认成熟后，可将标记一致的果实全部采收。采收时每个瓜都要连带一段果柄，并防止暴晒和堆压，注意通风降温。

第十四节　河南洛阳无子小西瓜保护地立式栽培技术

随着人们生活水平的不断提高、家庭人口数量减少以及旅游、旅行业的发展，近年来皮薄质优、携带方便的小果型西瓜日益受到大众青睐。但是，小西瓜的美中不足是瓜小子不少，食用时吐子比较麻烦，而且也影响环境卫生，因此，积极研究推广发展无子小西瓜，既保留普通小西瓜优点，同时又便于食用的特点，使其更受人们喜爱。洛阳市农兴农业科技有限公司和洛阳市瓜类工程技术研究中心从1999年开始从事无子小西瓜的新品种培育，目前已培育出了无子小西瓜系列品种。同时，针对洛阳牡丹节和五一节期间的特需供应，结合开展了无子小西瓜保护地特早熟立式高效栽培技术的研究，现已初步摸索出了一套适应当地气候特点的保护地栽培技术。

一、采用特早熟保护地栽培方式

由于日光温室和多层覆盖大拱棚的保温性能好、早熟效应显著，因此，无子小西瓜特早熟栽培技术采用了日光温室和塑料大拱棚的栽培方式。

建造日光温室和塑料大拱棚时，必须考虑到立式栽培西瓜所要求的特殊条件，适当增加温室和大拱棚的高度。其具体标准和方法如下。

（1）日光温室　建造日光温室要选择地势较高、排灌方便、土质适宜、背风向阳、交通便利的地方。日光温室必须坐北朝南，长度依地形和实际需要而定，东西长度一般为50～100米，南北跨度以8～10米为宜。先在设计好的地方挖坑取土，用坑中的土堆砌北边和东西的防风墙，防风墙应边堆变压，逐层压实，以保证质量。其北墙基部厚度2.6米顶部厚度以1.3米为宜，高度为2.5～2.7米。东西两道墙体厚度以1.5～1.8米为宜，北端高度与后墙相等，南端高出地面70厘米，建成北高南低的斜墙，温室内下挖0.7～0.9米。为了保证西瓜在强冷空气侵袭时能够正常生长，温室要有两膜两苫四层覆盖，即温室内用塑膜小拱棚覆盖，小拱棚上用稻草苫覆盖，温室棚膜上再用草苫覆盖。拱棚骨架可以用水泥、钢筋或竹竿制作，棚膜最好选用无滴膜。温室的其他设施和管理与普通温室基本相同。

（2）塑料大拱棚　塑料大拱棚的选址要求与日光温室相同。南北长走向，拱棚跨度为7～10米，长度根据实际需要和地形、地势而定，一般为50～100米，大棚中间最高处为2.6～2.8米，两边最低处以1.3米为宜。拱棚的建设材料和其他设施与普通大拱棚相同。

二、选用优良品种

目前，适应保护地种植的无子小西瓜品种主要有河南省洛阳市农兴农业科技有限公司培育的华晶7号（圆形，花皮，红瓤）、华晶8号（椭圆形，花皮，红瓤）、华晶11号（圆形，花皮，黄瓤）、华晶12号（圆形，黑皮，红瓤），湖南南湘种苗有限公司培育的小玉红（圆形，花皮，红瓤）等品种。选用以上优质品种，是确保无子小西瓜商品质量的基础。

三、采用立式吊蔓密植种植方式

由于无子小西瓜的个体小、单株产量较低，因此，它的增产措施主要靠适当加大种植密度和提高单株产量。

（1）立式吊蔓密植　保护地内空间大，种植无子小西瓜应向空中扩展，采用立式吊蔓栽培技术。因立式吊蔓栽培既能增加栽植密度、提高单位面积产量，又可充分利用保护地的有效空间，保证果实受光均匀，减少病虫危害，提高果实商品质量，增加销售价格。吊蔓就是当瓜蔓伸长至50～60厘米时，在每行瓜苗上方1.6～2米处架设1条8#铁丝。由于是采用三蔓整枝法，故在每棵瓜苗上方的铁丝上绑3根小绳垂向对应的瓜蔓旁，用小树枝等固定于地上。以后再分别把每条瓜蔓呈螺旋形缠绕在对应的小绳上，将其向上引导，以后每隔3～5天缠绕1次。

其种植密度为每亩1 800～2 000株，宽行行距90厘米，窄行60厘米，株距40～50厘米。

（2）人工授粉和肥水管理　人工授粉可以促进坐果和提高坐果率，加强肥水管理可以促进果实膨大，这是提高单株产量的两项主要措施。

保护地里缺乏昆虫传粉，又加上无子西瓜本身花粉已经败育，必须用其他正常西瓜（二倍体西瓜）的花粉人工授予无子小西瓜雌花柱头上才能使其结瓜。人工授粉必须是当天开放的鲜花，花粉必须在无子小西瓜柱头上涂抹均匀，授粉时

不得损伤雌花。授粉时间在每天上午7～9时花朵初开时。如前一天温度高时翌日开花期将提前；反之，开花期将延后，可以据此推迟或提前授粉。

加强肥水管理，即在果实褪毛后应开始加大水肥供应，经常逐沟浇水并且每亩每次随水浇施有机冲施肥30千克。

立式吊蔓栽培，后期均采取配套吊瓜技术，为了防止随着果实重量增加而掉落地上造成损失，必须在果实长至400克左右时进行吊瓜，具体方法是把果实装进20厘米×15厘米的尼龙网袋内，再用小绳将网袋吊在上方的铁丝上。

四、嫁接与病虫防治

（1）嫁接　嫁接是提高瓜苗抵抗土传病害的最有效方法之一，是重茬种植的首选措施，也可以增强瓜苗长势、增加产量和抵抗低温等各种灾害。嫁接用的砧木要选好，较好的砧木品种有洛阳市农兴农业科技有限公司培育的丰抗王（甜葫芦和瓠瓜杂交种）、丰抗王2号（南瓜远缘杂交种）、丰抗王3号（野生西瓜类型杂交种）、丰抗王4号（光子葫芦杂交种）和中国农业科学院郑州果树研究所培育的超丰F1（光子葫芦杂交种），它们各有特长，最好是几种类型的砧木交替使用，以使其抗病性更好地发挥作用。嫁接方法有靠接和插接两种，前者管理技术要求宽松，但是效率较低，后者技术要求严格但效率较高，条件较好的工厂化育苗或种瓜专业户可使用插接法，具体嫁接方法与普通西瓜嫁接相同。春季栽培时应该尽早嫁接，嫁接时期应该比移栽期提前35～40天，一般在前一年11月份开始；夏、秋季栽培时可以适当推迟，嫁接期比移栽期提前28～32天。

（2）病虫防治　保护地无子小西瓜立式栽培的病虫害防治技术与保护地普通小西瓜的病虫害防治技术基本相同，但应特别强调采用综合农业防治措施：第一要降低保护地内空气相对湿度。保护地内绝大多数西瓜病害是因湿度过大而发生、发展，所以防治的关键是及时通风换气、采取地膜下暗浇水和尽量少浇水等合理浇水措施，减少空气相对湿度，创造既不利用于病害发生又适于西瓜生长的环境条件。第二要减少病虫来源，在温室或大棚的通风口及其门口等容易进入害虫的地方严密安装防虫网，防止害虫进入保护地是对于害虫最好的防治措施。同时，要严格及时地清除保护地内的病株残体和带虫、带菌的土壤。第三要采用嫁接换根技术。

保护地栽培西瓜的苗期主要病害有猝倒病、疫病、立枯病、枯萎病等，主要虫害有蝼蛄、蛴螬、金针虫、种蝇、地老虎、蚜虫、蓟马、白粉虱等。定植后成株期的主要病害有蔓枯病、炭疽病、疫病、白粉病等，主要虫害有蚜虫、蓟马、红蜘蛛、棉铃虫、玉米螟等。其防治方法同保护地一般西瓜病虫害防治方法。

五、采收与效益

西瓜商品的甜度、品质与瓜的成熟度直接相关，因此，适熟采收十分重要。成熟标记法是目前最简单实用和科学可靠的西瓜成熟度的鉴别方法，它是采收时快速识别西瓜成熟度的最好办法。其具体方法是：授粉后用不同颜色的小绳捆绑于刚授粉的幼果处的瓜蔓上，也可以使用不褪色的不同颜料涂抹于该处作为成熟标记，3天改换一种标记颜色或材料。

无子小西瓜果实发育期在春季栽培一般为32天左右，秋季栽培一般为26天左右。预计果实成熟时，先选择2～3个第一批标记授粉的西瓜剖开观察成熟度，确认成熟时此批果实即可全部采收，以后采用这种方法依次检查其他各批次标记授粉的西瓜是否成熟。西瓜采收时要尽量保证果柄的长度，最好用剪子剪断果柄，不要弄伤瓜蔓，以利于其连续再结一次瓜。由于无子小西瓜的果皮极薄、不耐贮运，同时它的商品档次较高，因此，采收后必须分拣包装，将外观符合本品种特征、无破损变质并符合商品要求的西瓜先用膨胀塑料网套将每个西瓜包装起来，然后再分级分类装进纸箱运输销售，这样不仅可以避免损伤西瓜，又能提高其品位和价格。

无子小西瓜属于高档果品，本身身价较高；同时，在保护地内采用立式吊蔓高度密植栽培，其产量也比较高；此外，采用特早熟保护地栽培方式的成熟早、上市早，季节差价大，因此，它的种植经济效益很高。据初步调查比较，保护地特早熟栽培的无子小西瓜约比普通露地大西瓜增加收入3.6倍，比保护地普通小西瓜增值60％。目前，洛阳无子小西瓜开始上市期在4月下旬至5月上旬，若能吸取先进经验，继续改进技术，争取在4月份洛阳牡丹节盛茂期内大量上市，必将会取得更大的经济效益和更好的社会效应。

第十五节　安徽宿州无子西瓜嫁接育苗稀植多果栽培技术

无子西瓜生产上存在有种子发芽率低、成苗率低、种子产量低、技术难度大和种子价格高等问题，这是无子西瓜大面积发展的"瓶颈"。安徽省无子西瓜研究所，成功地把无子西瓜的种子处理、嫁接育苗、稀植高产三大难题融汇一体，创造出一套每亩稀植200余株、不整枝、不打杈、1株结4～5个瓜和每亩产5 000千克的连续重茬栽培技术。这个技术比传统的3蔓1果比较密植的方法节省种子

25%、省工40%、增产30%以上。该技术1998年9月通过国家技术鉴定，被定位为国际先进、国内领先水平。这项技术已被各地广泛应用，同时在部分有子西瓜和小果型西瓜生产上开始试用推广。

一、产量结构与季节安排

（1）产量结构　根据土壤肥力和施肥水平，每亩栽200～250株，其中授粉品种30株。每株留蔓30～50条（即保留所有主侧蔓），瓜蔓总长度100～150米，总叶片数1 000～1 500片，授粉坐瓜7～8个，定瓜3～5个，单株产量20～25千克（每个瓜5千克以上），每亩产量4 000～5 000千克。

（2）季节安排　由于中伏以后有子西瓜基本收获结束，天热瓜少，市场价高畅销，因此晚熟的无子西瓜的成熟上市时间安排在中伏期间7月下旬至8月上旬。由于无子西瓜的全生育期比较长（110～120天），因此，宿州市无子西瓜大面积生产上一般均安排在3月下旬播种育苗，4月下旬移栽，6月上中旬授粉坐瓜，7月下旬至8月上旬采收。

（3）间作套种　宿州市西瓜栽培传统有间作套种习惯，无子西瓜栽培上的间作套种方式主要有：特早洋葱（或其他早熟的土豆、大蒜、豌豆、蚕豆）—无子西瓜—辣椒；油菜—无子西瓜—花生（糯玉米）；小麦—无子西瓜—棉花等几种方式。

二、品种选择

经过品种比较试验和当地农民20多年的农业生产实践，已经选定一批适合嫁接育苗稀植多果晚熟栽培的无子西瓜、砧木和授粉品种。

（1）无子西瓜品种　生产上多选用生长势强、耐湿抗病性好、分枝力强、易坐果、坐果整齐、优质高产和适销华东、华南各大市场的中晚熟大果型品种。主栽品种为纯黑皮、红瓤、个大均匀的兴科2号，搭配品种有丰田1号、3号和兴科4号、5号、6号（花皮）等。

（2）授粉品种　多选用植株分枝力强、雄花多、花粉生命力强的品种，如授粉1号、2号和3号。

（3）砧木品种　多选用与上述无子西瓜和授粉品种嫁接成活率高、亲和力强、生长势强、抗病耐湿、对果实品质影响小的品种，如皖砧1号（葫芦F_1）、皖砧2号（南瓜F_1）和皖砧3号（野生西瓜）。

三、嫁接育苗

（1）种子处理 所有育苗用种（无子西瓜、砧木和授粉品种）播种前需晾晒2~3天。无子西瓜种子和授粉品种种子用55℃温水浸种4~5小时后捞出，无子西瓜种子还需拌干石灰粉揉搓杀菌除滑，用清水洗净后擦干破壳，与授粉品种一起置于33℃温度处，恒温催芽18~20小时，种子露白后即可拣芽播种。

（2）选址建床 苗床选址要求地势高、干燥、排水良好、靠近水源、管理方便。4月初采用中拱棚育苗，拱棚长20米，宽6~7米。采取遮荫、通风和地热线加热等方法调节温度，以满足各种幼苗对温度的不同要求。

（3）育苗嫁接

①靠接法育苗

接穗育苗：苗床宽1.1米，苗床长度视育苗多少而定。铺基质6厘米厚（或用育苗盘），前一天下午浇透水。选晴天上午9~10时播种，每平方米均匀撒播无子西瓜（或授粉品种）种子0.2千克，用过筛细河沙覆盖1厘米厚，再盖地膜保温（30~33℃）保湿，力争5天顶土，7天齐苗。

砧木育苗：葫芦砧育苗时，葫芦种子只浸种不催芽，与接穗同期播种。播后覆盖细河沙2厘米厚，盖地膜保温28℃，10天出苗；南瓜砧育苗时，当接穗苗顶土时南瓜砧催芽播种，阳畦育苗，保持床温28℃，5天出苗。野生西瓜砧的育苗方法同接穗育苗。

靠接育苗：接穗苗出土后炼苗8~10天，子叶平展，葫芦砧出土5~7天、南瓜砧出土1~2天、野生西瓜砧炼苗7~10天即为嫁接适期。以5人为一个劳动组，进行流水作业。其中1个人拔苗供苗、栽嫁接苗，1个人专削砧木苗，1个人专削接穗苗，另外2人将削好的接穗苗插入砧木苗切口，使之相互吻合。具体做法是：先将无子西瓜苗、授粉瓜苗和砧木苗从苗床带根拔出，分别分级投放到两个小筐内；削砧木：在葫芦或南瓜或野生西瓜子叶节下1厘米处，用刀片自下胚轴窄面从上向下呈30°角斜削0.5~0.8厘米，深达下胚轴断面的3/5；削接穗：在无子西瓜苗或授粉品种瓜苗子叶节下1厘米处用刀片在下胚轴宽面自下而上呈30°角斜削0.5~0.5厘米，深达下胚轴的3/5；嫁接：将瓜苗切面插入砧木苗切口，使之相互吻合，用包扎带绑（或嫁接夹夹）紧嫁接处，然后移栽入苗床内浇透水的穴盘中。一个作业组一天可嫁接移栽1.2万~1.5万株苗。也可一、二个人操作，熟练工人一天能嫁接移栽3 000株苗左右，成人和孩子都可以做，适合家庭性作业。

②顶接法育苗

第一、砧木育苗：苗床摆穴盘，育苗基质装入穴盘内，浇透水，砧木种子拣

芽分级定向播种。播深2～3厘米，覆盖湿润基质，盖膜保温28℃，8天出苗，10天齐苗。当日出苗当日摘帽。

第二、接穗育苗：砧木出土时，将接穗种子播种于苗床或育苗盘中，其余做法同靠接法接穗育苗。

第三、插接育苗：当砧木子叶平展，心叶露出，接穗子叶展平时，即可嫁接。4人为一个劳动组合，1个人运转苗盘，1个人削接穗，2个人插苗。削接穗：在接穗苗下胚轴子叶节下方约1厘米处斜削一刀，削面长1～1.2厘米（称大斜面），在大斜面对面去掉一层表皮（称小斜面）；砧木插孔：用竹签去掉砧木生长点，用左手的食指和拇指轻轻夹住砧木的子叶节，右手持竹签从两子叶间向与子叶平行方向自食指处斜向插入拇指处砧木，以竹签尖端正好到达拇指处为准，竹签暂不拔出。插接：右手接过削好的接穗，拔出砧木上的竹签，接穗大斜面向下，立即插入砧木的插孔中使之紧密相接。每盘苗嫁接结束，立即摆入苗床，随即盖膜保温遮荫。每个组合1个劳动日可嫁接1.2万～1.5万株，平均每人嫁接3 000～4 000株苗

（4）苗床管理　无子西瓜从播种、嫁接，到幼苗二叶一心或三片真叶移栽，需25～30天时间。幼苗生长发育经历几个生长阶段，为确保适期壮苗，苗床可采用"三促三控"管理法，具体操作技术如下。

①一促全苗　从播种到顶土，这一阶段需6～7天，是提高出苗率的关键。播种后，无子西瓜苗床保持32～33℃，授粉品种保持28～30℃，葫芦砧木保持25～28℃的温度，管理目标是围绕"早、全、齐、匀、壮"精细操作，适度调节，保证接穗和砧木嫁接适期相遇，比例配合。在生产上要做到以下3点：一是选晴天播种，出苗以前避阴雨，防止日灼烤苗；二是苗床湿度宁干勿湿；三是遇低温寒潮应加温保温。

②一控高脚　从顶土到子叶平展（即嫁接前），这一阶段为4～5天，管理目标是控制下胚轴在8厘米以下。此阶段是防病和提高成苗率的关键。具体管理要求：苗床床温降到18～22℃，瓜苗开始顶土时揭掉地面薄膜。当60%瓜苗顶土时，大棚两头可小通风。而80%瓜苗顶土时，大棚两头就应大通风。出苗后上午8～10时同时揭膜"摘帽"，齐苗后喷噁霉灵防病，大棚两头揭膜通风，下午16时后封棚，力争子叶平展前晒3～5天太阳，以确保下胚轴不超过8厘米，使幼苗矮粗健壮。

③二促嫁接成活　从嫁接到瓜苗伤口愈合、第一片真叶展开，这一阶段需8～10天，其管理目标是确保嫁接苗成活。嫁接苗移到苗床后随盖膜、随遮荫，苗床密闭保持床温25～28℃，最高不得超过30℃，空气相对湿度为100%（薄膜布满水珠）。这样可以减少叶面蒸腾，促进伤口愈合。嫁接5天后，检查伤口愈合，在嫁接苗不萎蔫的情况下，苗床逐步减少遮荫物，开始防风并逐渐加大通风口，通风第五天揭膜喷甲基硫菌灵800倍液防根腐病，当嫁接苗不再萎蔫后，即可正常管理。

④二控叶柄拔长　从出苗到第二片真叶初露的管理目标是：控制第一片真叶叶柄生长，促使幼苗变粗短。主要是采取降低苗床温度和控制瓜苗病害。大棚两头昼夜棚膜翻卷，床温控制在18～22℃，喷药防病治病，促进根系下扎，控制叶长不大于叶宽，叶柄长不大于叶长，并应及时摘除砧木萌芽。

⑤三促真叶快长　从第二片真叶显露到完全展开需3～4天。其管理目标是：促使第二片真叶肥厚、舒展有力、腋芽健壮。在管理上大棚两头白天通风，夜间压膜，保持床温25～30℃。

⑥三控幼苗健壮　从第二片真叶展开到第三片真叶露尖是第二片真叶的速生期，需4～5天。其管理目标是：以第二片叶叶柄不超过叶长，叶柄短壮。管理上让阳光直射瓜苗，早揭晚盖棚膜，降低苗床温度。移栽前3天，夜间不盖薄膜，开始炼苗，以适应定植后的大田气候。移栽前应喷杀虫剂、杀菌剂，并应达到移栽适龄壮苗。

四、大田栽培管理

（1）整地移栽

①整地施肥　长江中下游地区无子西瓜生长中期正值梅雨季节，因此栽前要精细整地，深沟高垄，施足基肥。每亩普施优质腐熟农家肥5 000～7 000千克，尿素15～20千克，穴施饼肥50～100千克，硫酸钾10～15千克，喷除草剂后覆盖地膜。

②移栽　当嫁接苗长到2～3片真叶时，按行距2.5～3米、株距1～1.2米，带土带肥、带药按苗情分级移栽。去掉嫁接夹，保持嫁接口在土面之上，栽后浇水封穴。每亩栽200～250株，其中授粉品种30株配植在瓜地两头。

（2）苗期管理　从嫁接苗移栽大田至伸蔓前为幼苗期，此期内应围绕幼苗早发快长、早分枝、早现蕾进行管理，要勤中耕、除草、松土，防旱排涝，防病虫草害。

（3）理枝留蔓　当主蔓为8～10片真叶并出现3～4条子蔓时要及时调整子蔓方向，用土块压蔓使其向四面伸长，均匀分布。主蔓第一雌花开放时，植株已形成子蔓4～5条，孙蔓8～10条，保留所有子蔓、孙蔓，不整枝不打杈。特别徒长的田块可适当摘除部分孙蔓，以改善通风透光条件。

（4）人工授粉与选花坐瓜　气候干旱生长稳健的田块，主侧蔓上的第一雌花应摘除，其他雌花可授粉坐瓜。而遇下雨徒长田块则应保留第一雌花授粉瓜，继续授粉坐瓜，当带瓜植株长势稳定后，再摘除第一雌花瓜。无子西瓜雄花不育，必须采集授粉品种上的雄花给无子西瓜雌花授粉才能坐瓜。其具体方法是：每天清晨6时前，从地头取授粉品种的含苞待放雄花放入茶缸中，用去除花冠的雄花花粉均匀涂抹无子西瓜雌花柱头。气温在20℃以下时，开始授粉时间可推迟到8～9时；气温在30℃以上时，则应提前到6时左右开始授粉，并将分枝瓜蔓前端及授粉雌花放到枝蔓茂密处，以创造阴凉潮湿环境，有利花粉发芽和坐瓜；大风天气，授粉后在瓜前瓜后用土块压蔓，以保护子房；连续阴雨天气时可用塑料纸帽在前一天下午把将于翌日开放的无子西瓜雌花及授粉株雄花套袋，利用下雨间隙或打伞遮雨进行人工授粉，随即再套袋，并将子房移至大片瓜叶下以遮避雨水。在不良气候条件下，创造条件及时在适宜节位上坐瓜，这是稳定西瓜长势和确保产量的关键。合理使用坐果灵也能发挥较好作用。应确保在10～15天内每株坐瓜7～8个。

（5）追肥浇水　当主蔓上的西瓜长有拳头大小时，需要充足的肥水促进膨瓜，这是决定产量的关键。每亩穴施尿素20～25千克，硫酸钾15～20千克，施肥后立即浇水，要浇匀浇透。也可以在雨后趁墒施肥，涝天要深挖排水沟，以保证流水畅通无积水。

（6）选瓜、定瓜和幼瓜管理　由于主蔓、子蔓和孙蔓上连续授粉，每株瓜数较多，为了提高商品瓜率，每株要选留节位适宜、瓜形端正、个头较大的瓜3～5个（合每亩1 000个瓜）。低节位和高节位瓜、畸形瓜和带有病虫的瓜应一律尽早摘除。无子西瓜授粉后25天，果实大小基本定型，应及时垫瓜、翻瓜和荫瓜。

5. 采收

授粉坐瓜35～40天时，无子西瓜果实已基本成熟，可于上午露水干后一次性采收，分级上市。